先輩がやさしく教える

EC担当者の知識と実務

株式会社いつも.
Itsumo Inc.

JN175489

SHOEISHA

はじめに

【本書を活用いただきたい方】

・上司や先輩が忙しく、気軽に質問できない人
・いきなり店長を任せられた人
・他部署から EC 事業部に異動してきた人
・他業界から EC 業界へ転職してきた人
・EC の幅広い知識を知っておきたい人

【本書を活用いただきたい理由】

　日本の小売販売は、全体的にここ 20 年以上伸び悩んでいるのが現状です。こうした大状況に反して、成長を続ける数少ない市場のひとつとして注目が集まっているのが、ネット通販（EC）です。

　本書でも紹介していますが、EC の市場は今後もますます拡大していくことが予想されます。そうした中で、多くの企業が EC 事業へ投資を増やし、人材の増強も行っています。

　しかしながら、EC 業界の現場では、猛烈なスピードでノウハウが進化しながら競合もドンドンと増える中で、最新のノウハウや幅広い知識を持った上司や先輩社員は、商品開発、イベント準備、運営管理など日々の業務への対応が優先される傾向にあり、実際の EC 担当者として店長業務などを行うような、事業部の若手人材に対して教育する時間がとれていないのが実態となっています。

　さらに、EC はまだまだ新興市場であり、そもそも「EC 事業部」というような部署がない企業があったり、あったとしても歴史の浅いところが多いのが現状です。

こうした、日々のEC業務に必要となる考え方や、今後ますます重要性を増すであろうスマホへの対応、三大モール（楽天市場、Amazon、Yahoo!ショッピング）を筆頭に存在感を増すモールなどでの実践的なノウハウなどを教育する仕組みが整っていないということにより、「幅広い知識を持って活躍できる人材」が育つ土壌がEC業界にはなかなかできていません。

　そこで今回、EC業界において国内トップクラスである9000社超の支援実績を持つ当社の知識と実践的なノウハウをベースに、EC担当者として最低限知っておくべきテーマを厳選してまとめてみました。

　具体的な内容としては、EC業界の歴史、ECサイトの種類、スマホを中心とした「売り方」の基礎知識、そして自社ECサイト、楽天市場、Amazon、Yahoo!ショッピングなどのモール施策に加え、これからますます重要性を増すバックヤード業務までを網羅しています。

【拾い読みでもOK】

　もしかしたら、みなさんの現在の業務に直接関係がないテーマや、多少難しい内容も含まれている可能性もあります。その場合には、飛ばし読みしても問題ありません。最初から最後まで通して読んでほしいのはもちろんですが、日々の業務を行う中で「あれ、これはどうするんだったっけ？」と思った事柄を拾い読みいただくのもいいかと思います。

　成長市場として注目が集まるEC業界において、活躍の幅を広げるための一助になれば幸いです。

株式会社いつも.

Contents | 目次

Chapter3 **「売る」ために必要なアレコレ** …………………… 061

第2部 チャネル別施策編

本書内容に関するお問い合わせについて

このたびは翔泳社の書籍をお買い上げいただき、誠にありがとうございます。弊社では、読者の皆様からのお問い合わせに適切に対応させていただくため、以下のガイドラインへのご協力をお願い致しております。下記項目をお読みいただき、手順に従ってお問い合わせください。

●ご質問される前に

弊社Webサイトの「正誤表」をご参照ください。これまでに判明した正誤や追加情報を掲載しています。

正誤表　http://www.shoeisha.co.jp/book/errata/

●ご質問方法

弊社Webサイトの「刊行物Q&A」をご利用ください。

刊行物Q&A　http://www.shoeisha.co.jp/book/qa/

インターネットをご利用でない場合は、FAXまたは郵便にて、下記"翔泳社 愛読者サービスセンター"までお問い合わせください。
電話でのご質問は、お受けしておりません。

●回答について

回答は、ご質問いただいた手段によってご返事申し上げます。ご質問の内容によっては、回答に数日ないしはそれ以上の期間を要する場合があります。

●ご質問に際してのご注意

本書の対象を越えるもの、記述個所を特定されないもの、また読者固有の環境に起因するご質問等にはお答えできませんので、予めご了承ください。

●郵便物送付先およびFAX番号

送付先住所　〒160-0006　東京都新宿区舟町5
FAX番号　　03-5362-3818
宛先　　　　（株）翔泳社 愛読者サービスセンター

そもそもECって何?

Chapter

1

EC業界って 急成長しているの?

これから、EC担当者に必要な知識と実務に際してのポイントなどを説明していく。まずは、日本におけるネット通販（EC）の全体像を説明しよう。国内のEC市場の規模はいくらか知っているかな？

日本のECの市場規模ですか……わかりません

2016年時点で、**国内の小売市場約140兆円のうち、15兆円をEC市場が占めている**[※1]。全体のうち百貨店の市場規模は7兆円弱、成長分野と言われているコンビニ市場でも約11兆円だから、**ECの市場は百貨店やコンビニの市場よりも大きい**ということになるね。

EC市場の成長率に着目すると、ここ数年は年率10%前後で推移していて、金額ベースだと、直近5年で約1.8倍にふくらんだ。日本の小売市場は横ばいが続いていることを考えれば、EC市場の成長力がいかに高いかがわかると思う。

日本の小売業界は、店舗販売からECへ、販売チャネルの劇的な変化が起きているということをまずはしっかり頭に入れておいてほしい。

EC業界は成長市場で注目が集まっているんですね

ただし、約15兆円という数字はデジタル系の商品やサービスECの金額も含まれている。純粋な物販系に限るとEC市場規模は約12兆円だ（図1-1）。EC化率は、まだまだ上昇すると言われていて、少なくともこれから数年間は、**ECは日本における数少ない有望な成長市場であり続ける**だろうね。

[※1] 経済産業省が毎年発表している「電子商取引に関する市場調査」によると、2016年の国内EC市場は15兆1358億円となっている

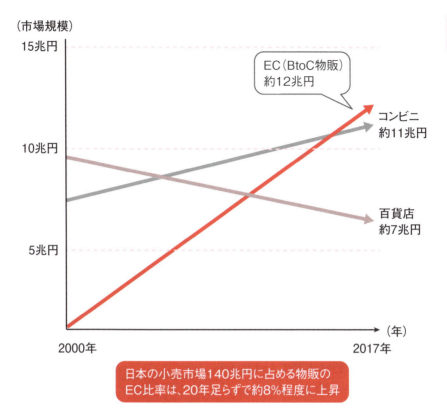

（市場規模）

EC（BtoC物販）
約12兆円

コンビニ
約11兆円

百貨店
約7兆円

日本の小売市場140兆円に占める物販の
EC比率は、20年足らずで約8%程度に上昇

図1-1：コンビニ・百貨店・ECの市場規模の変化

　こうした将来性を見込んで、ECを始める企業は今も増え続けている。有名ブランドや老舗メーカー、全国展開している大手流通企業など、あらゆる業種・業態の企業が参入してきているんだ。以前は参入することに消極的だった企業も最近は積極的にECに乗り出すケースが目立ってきた。小売を行う企業にとってECは「絶対に外せない市場」になっているからだね。

ワンポイントアドバイス

EC市場は今や小売市場の中でも大きな存在感を示す一大市場となっている。毎年10%前後の成長率を誇るため、新規参入者も多い状態だ。本書を読んで、成長分野で活躍するための力をつけていこう！

ECサイトにはどんな
種類があるの?

国内の物販のEC市場は年間12兆円を超えているということでしたけど、実際に消費者はどんなサイトで買い物をしているんですか?

　まず、消費者が購入するECサイトは大きく分けて2種類ある。ひとつ目は「楽天市場」、「Amazon」の出店型(マーケットプレイス)といった「**ECモール**」。もうひとつは、モールには出店せず、自分たちでサイトを運営する「**自社ECサイト**」だ。おおよその比率として、ECモール系の市場規模は全体の約60%、自社ECサイト系が40%と言われている。

　図1-2を見てほしい。この図は、国内における大手ECサイトの流通総額(通販サイトを通じて商品を販売した合計金額)を示している。最大手である楽天市場の流通総額は約3兆円、そしてAmazonは約2.5兆円規模まで拡大していて、この2社だけでEC市場全体の4割以上を占めているんだ。

楽天市場とAmazonのシェアは
こんなに大きいんですね

　楽天市場とAmazon以外の主要プレーヤーとしては、「Yahoo!ショッピング」や「LOHACO」を運営しているYahoo!グループの流通総額が約5000億円、ファッション専門モール「ZOZOTOWN」が約2000億円を占めている。

　そして、最近のトレンドとして注目されているのが、個人が商品を売り買いする「**CtoC(Consumer to Consumer)**」と呼ばれるサービスだ。代表的なものとしては、フリマアプリの「メルカリ」が急成長していて、年間流通総額は1000億円を突破している。

最近は、ZOZOTOWN やメルカリで
買い物する人が増えていますよね

　消費者がインターネットで買い物をする際に使うデバイスについても見てみよう。近年はスマホで買い物をする消費者が急増していて、**大手ECモールの流通総額の約65%がスマホ経由の注文**だ。自社ECサイトについても、おそらく4割前後がスマホからの注文だと言われている。

　最後に、EC利用者の消費行動のトレンドにも触れておこう。以前は検索エンジンを使って自社ECサイトや楽天市場、Amazonなんかを行ったり来たりしながら買い物をする消費者が多かった。でも、最近は**特定の好みのECサイトで継続的に買い物をする傾向が強まっている**んだ。つまり、楽天市場とAmazonでは客層が重複しにくくなっているということ。こうしたトレンドを踏まえると、複数のECモールに出店する「**多店舗展開**」が重要になっていることが近年のEC業界の特徴と言えるね。

図1-2：日本国内におけるECサイトの流通総額

ワンポイントアドバイス

ECは「スマホ化」していると同時に、「内向き化」が進んでいる。こうした現状を考えると、どれだけ多くの固定客をつかめるかが、ECで勝ち抜いていくためのカギになると言えるかもしれないね

EC業界の歴史を見てみよう

ところで、日本でECがいつから始まったか知っているかな？

ECの始まり……。15年ぐらい前ですか？

日本でECが本格的に始まったのは1990年代の後半だ。今から20年前の1997年に楽天市場がスタートした。そして2000年にAmazonが国内で書籍販売のECを開始し、翌年にはECモール（マーケットプレイス）を開設したんだ。当時は「楽天市場、Amazon、Yahoo!ショッピングなどの『モール』に出店すれば売れる」と言われ、とりあえずECを始めてみようという機運も盛り上がっていった。自社ECサイトを手軽に安価で構築できるクラウド型サービスも台頭してきたことで、2000年代前半は多くの企業がEC事業に参入し、2005年にEC市場は5兆円を超えている。

そして、**EC業界のターニングポイントになったのが2009年**だ。

この年にiPhone3が日本で発売され、そこから爆発的にスマホが普及していった。つまり、消費者はいつでもどこでも買い物ができるようになったんだ。その結果として、**ECとリアル店舗が融合して、消費者の利便性を高めて自社のファンを作る取り組みが活発**になっていった。

2009年にはもうひとつ、大きな出来事が起こっている。Amazonが当日配送サービスを開始し、楽天市場も翌日に商品が届く「あす楽」をスタートしたんだ。**大手2社の取り組みが引き金となって、ECは「手軽に買い物ができて、かつスピーディーに商品が手元に届く」**というサービス競争時代に突入したと言えるね。

20年でそんなふうに変わってきたんですね！
これからのEC業界はどうなるんですか？

　消費者がインターネットで買い物をする際、ECモール、自社ECサイト、アプリ、そしてスマホ決済やID決済、さらにはソーシャル・ネットワーキング・サービス（SNS）など、オンラインのあらゆるチャネルで商品に出会い、オンライン上で決済する時代へと急速にシフトしている。こうした「**多チャネル化**」に対応することが、これからますます重要になっていくだろう。

　また、日本国内から中国、台湾、ASEAN諸国、北米などの海外に商品を販売する「**越境EC**」はすでに盛り上がっているけど、これからは海外市場を開拓するために、現地法人を設立して本格的にECを展開する企業も増えていくと思うよ（図1-3）。

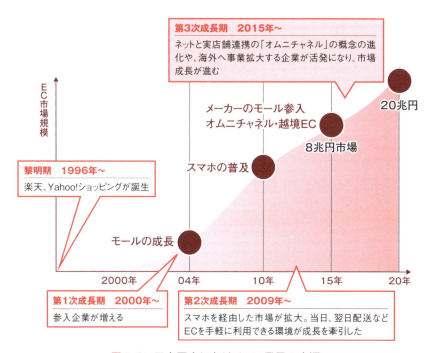

図1-3：日本国内におけるEC業界の変遷

ワンポイントアドバイス

これからのECのキーワードは「多チャネル化」と「グローバル化」。拡大を続けるEC業界の波に乗り遅れないようにしよう！

04 | EC業界の傾向を見てみよう

今回は国内EC事業者の2016年の売上高ランキングを参考に、EC業界の傾向について解説しようと思う（表1-1）、（表1-2）。EC業界の傾向や商品ジャンルごとの市場成長率を把握し、自社のEC事業を俯瞰的に分析することも大切だからね。

日本で一番売上が多いECサイトはどこなんですか？

EC業界の専門紙「日本ネット経済新聞（http://www.bci.co.jp/netkeizai）」の調査によると、**2016年度で直販のEC売上高が最も多いのはAmazon**だ。中でも直販事業の売上高は推定7800億円に達している。10年連続で売上高1位に君臨しているだけでなく、売上規模が大きいにもかかわらず高い成長率を維持しているのも驚異的と言えるね。

やっぱりAmazonはすごいんですね

2位はオフィス用品の通販を手掛ける「アスクル」、そして3位は工場で使うネジや道具などのサイトを運営している「ミスミ」だ。近年は法人向け（BtoB）の通販企業が売上を伸ばしていて、アスクルやミスミの他、大塚商会やモノタロウも好調だ。**「BtoB通販」の市場はまだまだ拡大していくだろう。**

上位50位に注目してみると、**オムニチャネル戦略に注力している企業の好調ぶりが目立つ。**

オムニチャネルって何ですか？

ユニクロやニトリ、無印良品のように、**実店舗を持ちながらECに取り組む戦略**のことで、**店舗とネットを融合して「いつでもどこでも」多角的に消費者にリーチする狙いを持った戦略**のことだよ。

順位	企業名	ECサイトの名称	2016年度売上高 売上高（百万円）	取扱商品ジャンル
1	Amazon（日本事業）	Amazon.co.jp	780,000	総合
2	アスクル	アスクル	227,231	日用品
3	ミスミ	MiSUMi-VONA	140,000	金型部品
4	大塚商会	たのめーる	110,000	オフィス用品
4	ヨドバシカメラ	ヨドバシ・ドット・コム	110,000	家電
6	千趣会	ベルメゾンネット	73,783	総合
7	MonotaRO	モノタロウ	67,105	工具
8	ディノス・セシール	ディノスオンラインショップ／セシールオンラインショップ	58,260	総合
9	上新電機	Joshin web	55,000	家電
10	カウネット	カウネット	52,000	オフィス用品
11	デル	DELL	50,000	PC
12	ジャパネットたかた	Japanet senQua	48,000	総合
13	イトーヨーカ堂	アイワイネット	44,735	総合
14	ビィ・フォアード	BE FORWARD.JP	43,063	中古車
15	ユニクロ	ユニクロオンラインストア	42,167	アパレル
16	ビックカメラ	ビックカメラ.com	42,000	家電
17	キタムラ	カメラのキタムラネットショップ	40,500	カメラ
18	ニッセン	ニッセンオンライン	38,000	総合
19	ヤマダ電機	ヤマダウェブコム	37,000	家電
20	Rakuten Direct	爽快ドラッグ	35,000	日用品
21	ディーエイチシー	DHCオンラインショップ	30,795	化粧品健康食品
22	QVCジャパン	QVC.jp	30,000	総合
22	ソニーマーケティング	ソニーストア	30,000	PC
22	マウスコンピューター	マウスコンピューター	30,000	PC
25	アダストリア	.St	29,100	アパレル

※本表は、日本ネット経済新聞の調査データを基に、筆者が作成したもの

表1-1：2016年のEC売上ランキング（1位～25位）

オムニチャネルに取り組む企業が好調な一方、千趣会やディノス・セシール、ニッセンなど、カタログ通販を中心に成長した通販専業企業のEC事業は成長が鈍化している。こうした企業はスマホ対応やネット比率の引き上げを急ぐことでさらなる成長を目指している。

EC売上高がいくらぐらいあれば
ランキング上位に入れるんですか？

日本ネット経済新聞によるランキングの100位に位置している企業は、年間売上高が約60億円だ。年間売上高が10億円を超えると、おおよそ300位にランクインできる。だから、**ECを始めるときは「年商10億円、国内300位」を目標にしてもいいと思う**。EC業界はまだまだ成長途上だから、どの企業にも業界の上位に食い込むチャンスはあるはずだ。

年間10億円かぁ……。目標にしたいです

最近のEC業界のトレンドをもうひとつ挙げておこう。15ページでも言ったように、それは「**多店舗展開**」だ。日本ネット経済新聞の調査によると、国内におけるEC売上高ランキングの上位400社のうち75％以上が2店舗以上のネットショップを運営していて、多店舗展開する企業は年々増えている。楽天市場へは70％の企業が出店済みで、最近はAmazonマーケットプレイスにも出店する企業の増加が目立つ。Amazonに出店している企業は上位400のうち4割を超えている状況となり、新たな店舗を展開する先として、Amazonへの注目度が高いことがうかがえるね。

ワンポイントアドバイス

分野に注目すると、最近大きく成長しているのは「BtoB」、売上高を大きく伸ばしているキーワードとしては「オムニチャネル」があるということを押さえておこう

順位	企業名	ECサイトの名称	2016年度売上高 売上高（百万円）	取扱商品ジャンル
26	MOA	PREMOA	28,935	総合
27	セブン‐イレブン・ジャパン	セブンミール	26,678	食品
28	オルビス	オルビス・ザ・ショップ	25,500	化粧品・健康食品
29	TSI EC ストラテジー	mix.tokyo	25,463	アパレル
30	オイシックス	Oisix	23,016	食品
31	ピュアクリエイト	アーチホールセール	23,000	家電
31	Rakuten Direct	ケンコーコム	23,000	日用品
33	ニトリ	ニトリネット	22,600	家具
34	ベイクルーズグループ	BAYCREW'S Store	21,600	アパレル
35	丸井	マルイウェブチャネル	21,331	アパレル
36	ユナイテッドアローズ	UNITED ARROWS	20,212	アパレル
37	コジマ	コジマネット	20,000	家電
37	ドスパラ	上海問屋	20,000	PC周辺
37	アイリスプラザ	アイリスプラザ	20,000	雑貨
40	フェリシモ	FELISSIMO SHOPPING	19,500	総合
41	エディオン	エディオンネットショップ	18,000	家電
41	エヌ・ティ・ティ レゾナント	NTT-X store	18,000	家電
41	コメリ	コメリ・ドットコム	18,000	工具・園芸
44	良品計画	無印良品ネットストア	17,482	雑貨
45	ファンケル	ファンケルオンライン	17,430	化粧品健康食品
46	大網	あみあみ	17,000	ホビー
47	ワールド	ワールドオンラインストア	16,900	アパレル
48	シュッピン	Map Camera	15,694	中古カメラ
49	エプソンダイレクト	エプソンダイレクトショップ	15,000	PC
49	エーツー	駿河屋	15,000	ゲーム・書籍
49	アーバンリサーチ	URBAN RESEARCH ONLINE STORE	15,000	アパレル
49	オークローンマーケティング	ショップジャパン	15,000	健康器具

※本表は、日本ネット経済新聞の調査データを基に、筆者が作成したもの

表1-2：2016年のEC売上ランキング（26位〜49位）

ECモールと自社ECの違いはどこ?

ECモールと自社ECの違いってどこにありますか?

ECモールと自社ECでは、そもそも来店する目的が違うんだ。実際のお店でイメージすると、モールはイオンやPARCOなどのショッピングモールのようなもので、自社ECは単独で営業する路面店というイメージがとても近いと思う。ショッピングモールにはたくさんの店舗が入っているから、特定の店舗や商品の知識がなくても、ふらっと来店して買い物する可能性があるよね。対して、自社ECの場合は路面店と同じで、消費者が「欲しい」と思うものがないと、来店されるチャンスが少ないんだ。つまり、集客モデルが大きく違う。

モールでは、商品購入から新たな集客につなげるための仕組みが充実しているんだ。例えば、売上ランキングへの露出やモール内検索の順位向上など、商品購入と同時にモール内での露出を増やせる仕組みがある。モール自体に圧倒的な集客力があるから、商品が売れれば露出が増え、新規顧客の来店につながり、さらに売上につながる「**自走サイクル**」が回っていく仕組みになっているんだ。

それに対して自社ECでは、サイト内でのランキングやサイト内検索の順位が上がっても、自社サイト内の変動があるだけで、集客が増えるわけではないから「自走サイクル」を回すことはできないんだ。

集客が難しい自社ECをやる意味ってあるんでしょうか?

確かに、自社ECは「特定の商品を購入する必要性」がないと来店されることが少ないため、モールに比べて集客が難しい。そのため、**自社ECで売上を伸ばすために欠かせないのが「顧客名簿」**なんだ。顧客名簿からメルマガやDMを送

ることで商品露出を増やし、売上を伸ばすことができるのが自社ECの特徴になる。もちろんモールでも、リピート客は売上を伸ばすために重要だけど、顧客情報がモール運営側の所有となり、出店企業側が独自で調査できないため、自社ECのような顧客名簿を作ることができないんだ。

このように、**新規客をドンドン増やして売上を伸ばすタイプであるモール**と、**顧客名簿で客との関係性を強化し、深い付き合いをしていく自社EC**には大きな違いがある（図1-4）。だから、「自分たちがどのような商品をどのように売っていきたいのか」をしっかり考えて自社ECとモールの使い分けをする必要があるんだ。

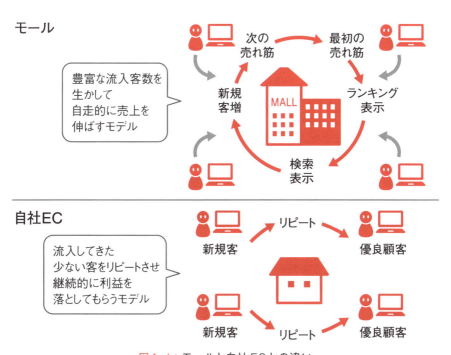

図1-4：モールと自社ECとの違い

ワンポイントアドバイス

「新規客を意欲的に増やす」のか、「関係性を構築する」のか。ECモールと自社ECとの違いを理解して、自社で展開する際の参考にしよう

Section 06

ECと実店舗の「強み・弱み」を知ろう

消費者にとって、**実店舗での買い物はまず「お店を知ること」から始まる**よね。ネットやクチコミなど他の人からオススメされることもあれば、通りすがりに「何となく気になるお店だな」と思って店舗に入ることもある。

店舗に入ったら、次は商品棚を物色して、気になる商品を手にして色や形を確認する。もっと気になれば商品のラベルを見て原材料・原産地・価格などのスペックを確認したり、可能なものであれば試食や試着を行ったりして五感を使って商品のことを知ることができる。もしそれでも不明な点があれば、店員さんに声をかけて詳細を確認することもできるしね。そして、商品が気に入ればレジで精算して商品をそのまま自分で持ち帰る。

一方、**ECの場合は「お店を知る」ではなく、検索サイトやモールの検索を使って気になる商品を探すところから始まる**。そして、気になる商品を売っているお店は複数ヒットするから、たくさんのお店の中から送料や商品の到着時間など取引条件が望ましいところを選択する。欲しい商品が決まったらボタンを押して購入するけど、すぐに届くのは取引成立のメールだけ。商品は買い物からタイムラグがあって届く。

「商品を買う」ことに変わりはないのに
購入までの行動が全然違いますね！

その通り。こんなに違うのに実店舗で買い物することもあれば、ECで買い物することもあるよね。それは、**実店舗で購入することのメリットとECで購入することのメリットが全然違う**と感じているからなんだ。例えば、実店舗で買い物する強みは、さっき紹介したように試着や試食ができることとか、困ったときは店員さんに相談できる点だよね。この実店舗の強みを裏返すと、全てECの弱みになっているんだ。ECでは試食や試着は難しいし、相談できる店員もいない。商品の到着にはタイムラグもある。一方、外出の必要がなかったり、たくさんのお店

から安いところを探せたりする、といったECの強みは、裏返せば実店舗では実現できないことだね。

　だから、**ECに特有の弱みを少しでも解消していくことで、競合のECショップより選ばれやすくなることはもちろん、実店舗よりも選ばれるECショップを作ることができる**んだ。それぞれの強み／弱みは図1-5にまとめてみたから、チェックしてみよう。

	強み	弱み
EC	・外出せずに買える ・いつでも買える ・購入履歴から同じものを買える ・欲しい商品を見つけやすい ・価格を比較しやすい ・レビューが参考になる ・遠方のご当地モノも買える ・人目を気にせず買える ・情報量が多い ・品揃えが豊富 ・運ばずに済む ・季節外れの商品も買える	・実物を手にとることができない ・信頼性が低い ・購入手続きがめんどう ・送料がかかる ・試着や試食ができない ・問い合わせ対応が即時でない ・破損が心配 ・返品交換が手間 ・現金が使えない ・その場で受け取れない ・個人情報が漏洩しないか不安 ・店員のアドバイスが聞けない
実店舗	・実物を手にとれる ・信頼性が高い ・誰かと一緒に買い物できる ・その場で手に入る ・価格交渉できる ・その場で使える ・返品交換が簡単 ・個人情報を出さずに買える ・アドバイスを受けながら買える ・試着や試食ができる ・現金が使える ・お店の雰囲気が楽しい	・行く手間や時間がかかる ・前回買った商品を覚えていないと買えない ・レビューがない ・価格を比較しにくい ・情報量が少ない ・押し売りが不安 ・営業時間外や休店日は買えない ・混雑やレジ待ちがある ・品揃えが限定的 ・持って帰らなければならない ・季節外の商品を見つけられない

真逆

図1-5：ECと実店舗との比較表

ワンポイントアドバイス

双方の強み／弱みを知ることで、よりよいECを提供することにつながる。そうすれば、競合のサイトだけでなく、実店舗にも打ち勝つことができるはずだ

Section 07 押さえておくべき 3つのポイント

　今回は、EC担当者として活躍するために、知っておくべき基礎的な「買い物のポイント」を3つと、それらの最近の潮流を紹介しよう。具体的には、「商品を買う方法」、「商品を受け取る方法」、「商品を探す方法」の3つだ。

> スマホが普及したことで
> ECの環境が激変したんですよね

　その通り。スマホの普及によってECは大きく変わった。まずは「商品を買う方法」だ。最近は、自宅や通勤中の電車内、職場の昼休みなどにECサイトを利用する人も多いよね。それから、小売店の店頭で実物を見た上で、ECサイトで最安値の商品を買う消費者も珍しくない。**ECを利用する場所と言えば、かつてはパソコン経由で自宅か職場がほとんどだったけど、今はスマホを使い、時間と場所を問わず買い物をする消費者が増えている。**

　そして、「商品を受け取る方法」も自宅だけではなく、「店頭受け取り」や「コンビニ受け取り」、「宅配ボックス」など、時間と場所を限定されない方法が広がっている。19ページでも言ったけど、**リアルとネットの垣根を取り払い、「いつでもどこでも」商品を買ったり受け取ったりできるオムニチャネルが当たり前になっている**から、それに合わせてECサイトを運営しなくてはいけないね（図1-6）。

> スマホによってECがより身近に、便利になって
> 利用者が増えたんですね

　最後に、「商品を探す方法」についても説明しておこう。**商品を探す方法は大きく分けて2つのパターンがある。**ひとつ目は、いわゆる「**指名買い**」などと呼ばれる、買いたいものが決まっていて、商品名や型番、ブランド名、店舗名などで

検索する方法だ。

　もうひとつは、**欲しい商品が明確に決まっているわけではなく、漠然としたイメージなどに基づいて商品を探す方法**だ。例えば、「夏用のシャツ」、「母の日のプレゼント」、「肌荒れによい化粧品」といったイメージから商品を検索する。

　このような、消費者が商品を探すパターンを意識しておくと、外部からの検索対策や広告に対して適したアプローチをとることができるだろうし、自社ECを運営する場合には、サイトのデザインやサイト内の検索機能の参考にもなるはずだ。

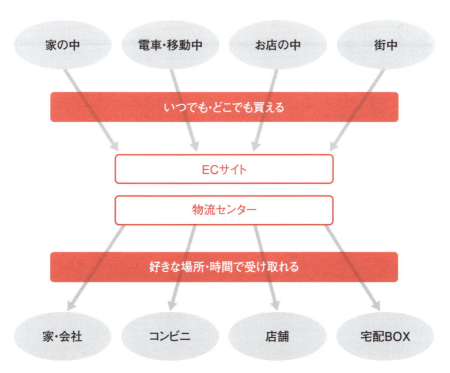

図1-6：スマホの普及が加速させたオムニチャネル

ワンポイントアドバイス

 基本的な「買う」、「受け取る」、「探す」の3つとそれらの変化は、多くがスマホによって引き起こされた。ECにおけるスマホの存在感がよくわかるね

多店舗運営が重要な理由

国内でECの売上を伸ばすには、「多店舗運営」が有効だ。20ページで紹介したように、**EC売上高の上位400社のうち、75%以上の企業は2店舗以上を運営している。**

なぜ、多店舗運営がそんなに重要なんですか？

理由のひとつは、ECモールごとに客層が固定化する傾向が強まっているためだ。**各モールは独自のポイントなどを発行し、顧客を囲い込んで独自の経済圏を作ろうとしている。**また、近年は楽天市場やAmazonなどをECモール専用アプリで利用する消費者が増えているけど、**アプリで買い物をするユーザーは、特定のアプリを継続的に利用する傾向が強いんだ**（図1-7）。客層が固定化すると、各モールが抱えている客層にリーチするには、それぞれのモールに出店しなくてはならないよね。この客層の固定化は、スマホの普及に伴って、今後もますます強まっていくだろう。

そうなると
ターゲティングがしやすくなりそうです

そうだね。そして、多店舗運営が必要な理由の2つ目は、**大手モールが圧倒的な集客力を持っていて、その集客力を利用した方が、成功確率が上がる**からだ。モール各社は、豊富な資金力を生かしてテレビCMやポイントキャンペーンなどを大々的に行い、「買い物の欲求が強い消費者」をモールに集めてくれる。**多くのモールに出店することで、その圧倒的な集客力に「ただ乗り」できる**ことになる。

また、大手モールは検索エンジン対策にも、莫大な投資を行っている。近年は検索エンジンで商品名などを検索すると、検索結果の上位には大手モールのペー

ジが表示されることが多い。広告枠にも、モールのキャンペーン広告などが目立つ。

こうしたモールをうまく利用すれば
売上を伸ばせそうですね

　その通り。自社ECサイトを検索エンジンの上位に露出するような施策を行うのは、決して簡単なことではない。また、リスティング広告の人気キーワードの入札単価も最近はかなり高騰している。こうした傾向は今後も続くと予想されているから、**自社ECサイトを持っている場合でも、出店可能なECモールへは全て出店して、新規顧客との接点を最大限に増やして売上を上乗せしていくことが、これからのEC戦略の基本になっていく**だろう。

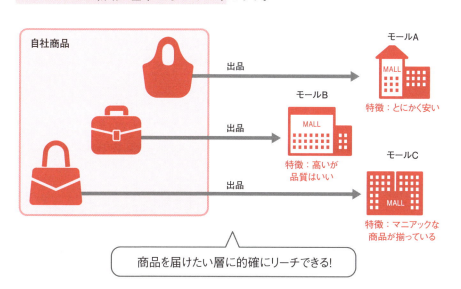

図1-7：多店舗経営でターゲティングが容易に

ワンポイントアドバイス

消費者は、数あるモールの中で「タコツボ化」しつつある。あらゆる層にめがけてECを展開したい場合には、各モールの特徴を理解することが重要だ

コラム 知っておくべき商品ジャンル別の売り方【アパレル商品】編

【傾向】

アパレル商品は、スマホ経由の売上が70%を超えるショップも多いジャンルです。中でも気をつけるべきポイントは、ECでは試着ができないということでしょう。「届いてみたら、想像していたものと全然違った！」といった事態を防ぐために、多くの消費者はサイズを気にする傾向にあります。また、男性向けの商品を販売する場合には、「いちいち個別の商品を自分で選ぶのは面倒だ」と考える男性が多いこともしっかり押さえておきましょう。

【売り方】

特に女性向けの商品を販売する際に重要なのが、商品写真の点数と、サイズ表示です。試着できないという不安を解消するために、複数のモデルを使って、それぞれの身長・サイズなどを表示しつつ、モデルの使用感などの感想も書くことが最近の主流です。

男性向けの商品では、まとめ買いやリピート購入につながりやすいワイシャツをセット販売したり、福袋を用意したりするショップも増えてきています。その他には、「女性から見てどう感じるか」というようなコメントを盛り込むのも効果的です。また、「背が高く見えるシークレットシューズ」や「シークレットブーツ」など、男性が抱えがちな悩みやコンプレックスを解決するような打ち出しもよく使われています。

ページ作りの面では「スマホ経由の購入が多い」という点から、消費者の注意を自店につなぎとめるために、商品に関連する商品を表示するレコメンド機能を活用して作成に当たるといいでしょう。

EC担当者として
知っておくべきこと

Chapter

2

**そもそもEC担当者の仕事って
何ですか？**

　EC担当者の仕事は、簡単に言うとショップの売上目標計画を立て、日々の売上・アクセス・購入率・単価を把握し、目標達成に導くことだ。目標とする売上に対して、使える年間の販促予算は限られている。だから、日々のアクセスや購入率を注意深く比較して、計画的に売上目標に近付ける必要があるんだ。

**なるほど。売上が落ちてきたら販促を行って
目標に近付けるんですね！**

　う〜ん。それは正解のように思えるんだけど、残念ながらそれでは担当者として合格点とは言えないんだ。**売上が悪くなってきた原因と売上がよかった原因、両方を確認する検証（チェック）を行い、今後の運営に生かしていくことが担当者の最も重要な役割**なんだ。売上が落ちたからと言って、原因もわからないままに販促費を増やすのでは、抜本的な解決にはならないし、お金を使ったのに効果が出ないことだってある。だから売上や目標が増減した原因を可能な限り把握して対策を行っていく必要があるんだ。今回は、そんな担当者の仕事を上手に回すための重要なポイントを教えておこう。

　まずは「**アクセス数**」と「**購入率**」に注目するといい。売上だけを見て昨年と比較し、一喜一憂する人がよくいるけどそれでは原因を探ることができないから、あまり意味がないんだ。

　原因を追求する上で、単価は日々の中でそんなに大きく変動するものではないから、よく変動するアクセス数と購入率を注意深く観察する必要がある。毎日数字を記録して、その日どのような販促活動を行ったのかを合わせて記入しておく

と後から見返すときにも便利だね。「この販促は効果があったけど持続期間が短かった」とか、「アクセスは激増したけど購入率はむしろ落ちてしまった」といった販促は今後行う際に注意が必要だとわかる。

　ちなみに、日々の集計を行う際にもポイントがある。例えば月間売上を300万円と設定して、30日で割って1日の目標を10万円としてしまうのは、あまり現実に即していないやり方になってしまうんだ。一般的に**ECは、土日に売上が伸び、平日でも水曜日あたりに売上が伸びることが多い。**水曜日に売上が伸びる理由は諸説あるけど、この売上の波を意識せずに売上目標の達成・不達成を追うようにすると、1週間のうち半分以上は未達成の状態になってしまい、正確な検証を行うことができない。だから、これまでの1週間の売上傾向から、土日と平日の売上比率を計算に入れて日々の目標を設定することが重要なんだ（図2-1）。

　このように、**柔軟な目標設定と日々の検証ができて始めて、正しく売上向上サイクルを回すことができる**ということを知っておいてほしい。

> 機械的に立てるのではなく
> 曜日ごとに柔軟に設定しよう

		月	火	水	木	金	土	日
売上高（円）	目標値	100,000	100,000	150,000	100,000	320,000	320,000	320,000
	実績							
アクセス数	目標値	1,000	1,000	1,500	1,000	2,000	2,000	2,000
	実績							
購入率（%）	目標値	2.0	2.0	2.0	2.0	4.0	4.0	4.0
	実績							
売上数	目標値	20	20	30	20	80	80	80
	実績							
購入単価（円）	目標値	5,000	5,000	5,000	5,000	4,000	4,000	4,000
	実績							

図2-1：目標設定の例

ワンポイントアドバイス

担当者としてやるべきことはたくさんあるけど、根本的には適切な目標を掲げ、それを達成すること。そのために、日々の検証がとても大切だよ

「買う」側と「売る」側の価値観の違いを知ろう

EC担当者として一人前になるためには、「買う側」と「売る側」の違いを明確に理解する必要がある。**買う側と売る側の価値観の違いを正確に理解すれば、そのギャップを埋めることが売上アップの勘所だとよくわかる**からだ。まずは「当たり前」だと思っていることを整理することから始めてみよう。

買う側とは「消費者」のこと。ECサイトに商品を見に行って注文し、お金を払って商品を届けてもらう立場だね。

売る側は逆で、商品を買ってもらい、お金をいただく代わりに商品を届けるのが仕事だ。とても単純なモノとお金の交換だけど、実際には意識と価値観がかなり違う。

> 買う側は「欲しいものを安く買いたい」、売る側は「たくさん売ってお金を儲けたい」……ぐらいじゃないんですか？

それもとても重要なことだけど、実際にはもっと深く理解しておく必要がある。例えば**買う側は「今、その商品を、そのお店で買わないといけない」という必要性に駆られているわけではない。**ネット上には、同じような商品がたくさんあるし、他のお店でも売っていることが多いよね。ところが、**売る側は「今、自分のお店で、この商品を買ってほしい」と考えている**よね。このギャップをしっかり理解しておく必要がある（図2-2）。

またECの場合、その場でお金を支払って商品を受け取ることができないから、買う側は売る側に用意された決済方法を選んで、後から商品を届けてもらう。そのときも買う側は、「商品が届いてからお金を払いたい」と考えるし、「気に入らなければ返品したい」と考えるよね。でも、売る側は逆で「先にお金が欲しい」と考えるし、「できれば返品は避けたい」と考える。

それなのに、売る側の価値観だけを押しつけてしまうと買う側にとって都合が悪く、買ってくれなくなってしまう。

多くは「今すぐ買う理由がない」ということですが
「すぐに必要」という人もいますよね？

お、鋭いね。

実は買う側にはもう1種類の価値観が存在する。さっき紹介したのは「買い物」目的の消費者だけど、**「調達」目的でECサイトを訪れる消費者もいる**んだ。調達目的の場合、物欲からその商品が欲しいと考えているわけではなく、ないと困るからその商品が欲しいと考えている。このように、「今、その商品が欲しい」と考えている消費者もいるということはしっかり押さえておこう。

買い物目的の消費者と、調達目的の消費者は考えていることが違うから、当然売る側の業務も必要とするサービスも変わってくる。この点を正確に理解して、「今すぐこのお店で買いたい！」と思わせることが、売る側、つまりEC担当者の本当の仕事なんだ。

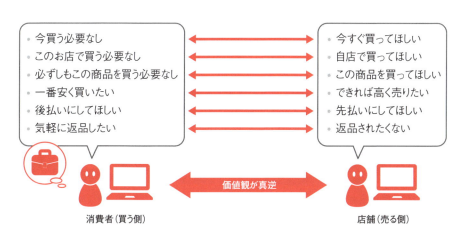

図2-2：買う側と売る側の違い

 EC担当者としての第一歩は、「売る」側に身を置くことから始まるが、もちろん「買う」側の視点も大事だ。どちらかに振り切ってしまうのではなく、両者の視点を持つようにしよう

ECサイトでやるべきことの
サイクルを知ろう

　ECサイトを運営する上で大切なことは、サイトの成長に合わせて行うべき施策を、正しい順番で実行することだ。ステージごとに必要な施策は違うから、施策の順番を間違えると成長速度が遅くなってしまう。

どんな順番で施策を行えば
効率的に売上を伸ばせるんですか？

　ここでは、家具のネットショップを例にして、サイトが成長するまでのサイクルを説明しよう（図2-3）。

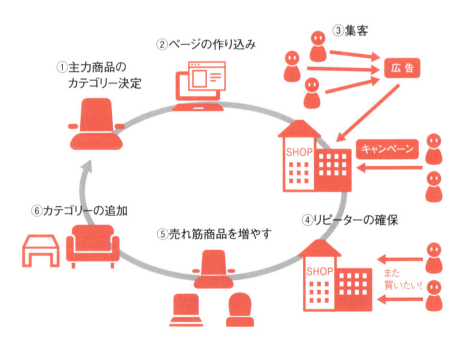

図2-3：ECサイトで行うことのサイクル

① 商品のカテゴリー決定

　最初に行うことは、「**自分たちのショップが注力する商品カテゴリーを決める**」ことだ。家具のネットショップなら、「座椅子」など、商品カテゴリーを具体的に選ぶ。商品カテゴリーを選ぶときは、競合調査を行って、自社に優位性のある商品を考え抜いてほしい。もし、「座椅子」というカテゴリーで競合店に勝てないと感じたら、「肘掛けつき」といった商品特性も組み合わせて、「肘掛けつきの座椅子」という商品ジャンルで、競合店に勝つことを目指すといいだろう。

まずは、競合店に勝てそうな商品カテゴリーを見つけることが重要なんですね

② ページの作り込み

　商品カテゴリーが決まったら、次は「商品ページの作り込み」を行う。**どんなに魅力的な商品でも、その魅力が伝わらなければ、売れない**からね。スペックや素材などはもちろんのこと、その商品の利用シーンやメリットを実感しやすいコンテンツを作ることも重要だよ。

③ 集客（広告・キャンペーン）

　ページを作って売る準備が整ったら、次は広告やキャンペーンなどに取り組む。このとき、**やみくもに広告を打つのではなく「この商品だけは、他社に負けない」という商品に絞って販促投資を行うことが重要**。ECサイトを立ち上げたばかりの時期は、**集客に強い商品を軸に、サイトへのアクセス数を増やしていくのがコツ**になる。まずはひとつヒット商品を作って、その商品を軸にショップを育てていくことが、効率的に売上を増やすポイントだ 。

ヒット商品が生まれたら、次は何をするんですか？

④リピーターの確保

　次に取り組むのは、「リピート注文を増やす」こと。新規顧客にクーポンつきのメルマガなどを配信して、リピーターになってもらう。**新規顧客を獲得し続けるだけでは、いずれ売上は頭打ちになってしまう**からね。繁盛店を目指すなら、リピーターを増やす施策が不可欠だ。

⑤ 売れ筋商品を増やす

　ショップのリピーターが増えてきたら、次の目標は「売れ筋商品を10個育てる」こと。自社のヒット商品のカテゴリーから外れないように関連商品を増やしていく。さっき例に挙げた「座椅子」のショップであれば、「2人がけ用の座椅子」、「欧州ブランドの座椅子」、「高齢者用の座椅子」などを追加することが考えられる。このとき、競合店の価格や品揃えを調査することも忘れないように。

⑥ カテゴリーの追加

　ヒット商品が10個程度できたら、最後に取り組むことは「商品カテゴリーを増やす」こと。「座椅子」を扱っているショップであれば、「ソファー」や「ローテーブル」など、類似するカテゴリーを追加する。そして、ステップ①〜⑤の施策を繰り返していく。また、既存のヒット商品の新しい売り方にも挑戦するのもいいだろう。クリスマスやお盆など、季節性の高いイベントに合わせて、大型のキャンペーンやセールを実施したり、ギフト需要を意識した販売戦略を取り入れたりと、柔軟な施策が求められる。ここまで来ると、月商1000万円が見えてくるはずだ。

　新しい商品カテゴリーを追加して、①から⑥をひたすら繰り返していけば、月商1億円だって夢じゃない。間違えてはいけないのは、この6つのステップの順番をしっかり守ること。焦らず基本を徹底することが、最速で売上を伸ばす近道だからね。

ワンポイントアドバイス

サイトを運営する場合には、何か施策を打ってそれで終わり、ではなく、間断なく売上向上サイクルを回していくことが大事だよ

04 ECサイトの基本的な 管理画面構成

多店舗展開が重要なのはわかりますが、サイトを使い分ける際に混乱してしまいそうです。全てに共通する基本パターンがあれば知りたいです

　慣れないうちはどのサイトもボタンがたくさんあって迷うかもしれないけど、**各モールの管理画面も自社ECで利用している管理画面も、注意深く見ると共通点がたくさんあるし、基本的な機能は同じだ**（図2-4）。

　まずは管理画面にログインしよう。それぞれのログイン画面からログインするんだけど、モールの場合は誰がログインするにも同一のURLからログインできる。自社ECの場合は管理権限やセキュリティの都合上、ログイン画面のURLが違う場合があるから注意しよう。ECは顧客の個人情報を取り扱うため、外部に更新を依頼するときなどに内部情報が閲覧できないように、機能を制限した管理画面に入ってもらう必要があるから、それぞれのログイン画面があるんだ。

へぇ～、そういう意味があったんですか

　ログインできたら、早速それぞれの機能ごとにボタンを確認していこう。管理画面によっては同じ機能でも名前が少し違っている場合があるから注意が必要だ。自社EC・モールに共通して備わっている基本的な機能は大きく分けると次のようなメニューがある。

・**基本的な店舗の設定**：店舗名や会社概要といった基本的な情報だけでなく、決済・配送・消費税の設定などショップをオープンする際に設定しておく部分で、オープン後に編集することはほとんどない

- **商品設定**：商品の登録やポイント設定などを行う
- **カテゴリー設定**：「ワンピース」や「レディースバッグ」などのカテゴリを設定するもので、基本的には商品設定の近くにある。カテゴリーページのデザイン管理などもここで行う
- **デザイン設定**：トップページのバナーやヘッダーフッターなどのデザインを管理する
- **画像管理**：商品画像などの管理を行う
- **受注処理**：注文情報が登録されており、顧客の個人情報などがあるため閲覧制限もできる。銀行振込などの決済確認がとれたら発送処理などを行う
- **メルマガ**：メルマガの配信内容や配信タイミングなどの設定を行う

これだけ押さえておけば
バッチリですね！

　使用する管理画面によっては、名前が微妙に違っているけど、番号が振ってあったり色分けされていたりするから、どこに何があるかはすぐに慣れることができるはずだよ。また、自社ECの場合は外部の様々なツールを利用することができるから、予算や機能に合わせて外部ツールを利用することになる（102ページ参照）。**どのサイトも基本的にデータ分析機能はあるが、簡単なデータを見る程度のものだから、Google アナリティクスなどを利用して分析を行うのが一般的だ。** モールの場合は、基本的に外部機能を利用することができない。その分モールではそれぞれ専用の広告設定や分析ツールが揃っているからその違いはしっかり理解しておこう。

店舗設定

- 店舗名編集
- 決済方法の編集
- 配送方法の編集

商品設定

- 商品登録
- ポイント料率の編集

カテゴリー設定

- 商品カテゴリーの編集
- カテゴリーページの
  デザイン

デザイン設定

- バナー編集
- ヘッダー編集

その他

- 画像管理
- 受注処理
- メルマガ

お知らせ欄

- 店新システム導入!2018年1月より随時提供
- サーバ不具合のお詫び

売上データ

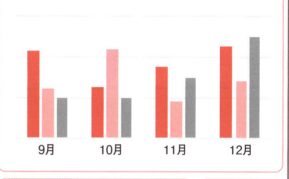

| | 9月 | 10月 | 11月 | 12月 |

レビューデータ

2017年12月11日
商品：ABC
レビュー：即日配達してもらいました

2017年12月11日
商品：ABC
レビュー：また注文したい

違反・問い合わせ状況

新着問い合わせ：2件

契約情報

ショップ○○
△△店
店舗のURL
→http://xxxxxx

図2-4：ECサイトの管理画面イメージ

ワンポイントアドバイス

今回紹介したように、どのサイトも管理画面は結構似通っている。基本的な構造を覚えてしまえば、簡単に使えるはずだよ

EC業務の全体像を知ろう

> ところで、現在所属しているEC事業部の仕事だけでは全ての業務が成り立たない気がします

　そうだね。ECという業界自体が成長を続ける中で、携わる部署や人の範囲も拡大している。まずはどんな仕事があるのかをしっかりと説明していこう（図2-5）。

　最初に、我々が所属しているEC事業部の主な業務について。ここは、商品登録やページの作成、問い合わせ対応や出荷指示など、比較的消費者と近い接点を持ちながら業務を行うことが多い部署だ。その他にも、どうすれば多くの人が来てくれるかといった**「集客戦略」**や、どんな商品をどんな時期に売るかを決める**「商品戦略」**、広告費を決めて運用する**「広告戦略」**なども重要な仕事だけど、これらは**EC事業部の中だけで考えていても難しいこともある**んだ。

　例えば、多くの人を集めたり、より多くの買い物をしたりしてもらおうと思ったら、消費者のことをよく知る必要があるよね。特に本社機能が別になっている会社では、本社で売上や在庫データの管理の他に顧客データの管理も行っているし、仕入先や銀行とのやりとりも行っているから、他部署とよく連携する必要がある。

　さらに、配送センターでの物流業務もECにとって重要な業務だね。出荷指示を基に、倉庫にある商品の取り出しや検品、梱包して出荷し、ラッピングなどを倉庫で行う場合もある。そうして注文の入った商品の出荷指示を受け、宅配会社に商品出荷することで、ようやく顧客に届けることができる。

　他にも外注業者とのやりとりや仕入先との関係など、やることはたくさんあって、全てを挙げるとキリがない。しかし、消費者が買い物をする際に自分のショップを選んでもらおうと思うと、これら全ての業務が連携して改善を繰り返す必要があるから、まずは業務の全体イメージだけでも理解しておこう。

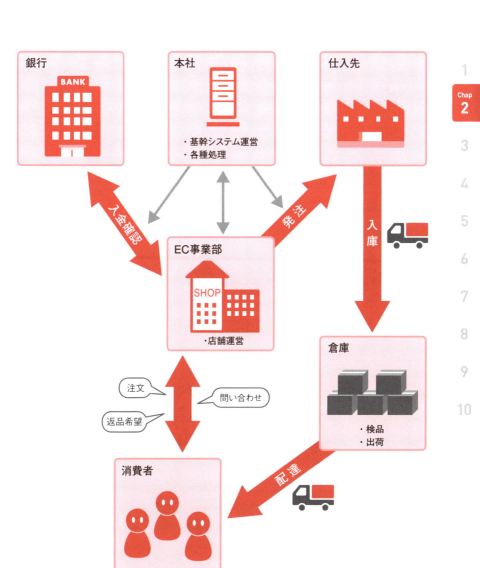

図2-5：EC業務の全体図

ワンポイントアドバイス

ECに携わる人は、何も「EC事業部」の人員だけではない。
まだまだ全てを紹介し切れてはいないけど、今回紹介した
全体像は理解しておこう

商品写真の3つのポイント

今回は、ECサイトの商品ページに使う写真について解説しよう。各モールによって細かい違いはあるが、ここでは全てに共通するポイントを教えていくよ。**商品写真は売上を大きく左右する重要なコンテンツ**だから、しっかり覚えておいてほしい。

どんな写真を使えばいいんですか？

ポイントは主に3つある。「**①目的に合致した写真を使う**」、「**②ターゲットが知りたがっている情報を写真に盛り込む**」、「**③スマホサイトでの見やすさを意識する**」だ（図2-6）。

ひとつ目のポイントは、ECサイトで「誰に」、「何を」売るのかを明確にして**最適な写真を選ぶこと**、と言うこともできる。アパレルならターゲットの性別や年齢に合ったモデルを起用するべきだし、食品なら、消費者が求めているものはヘルシーさなのか、ボリューム感なのか、といったことを理解した上で、そのイメージを表現する。ギフト用に買われることが多い商品であれば、贈る側の視点を意識して、プレゼントラッピングの写真なども掲載した方がいいだろう。

このように、まずは「**ニーズに合った写真を使う**」ことを徹底してほしい。「**写真のデザインがなんとなくおしゃれだから**」とか、「**すぐ手に入るから**」、という**理由で選んではいけない**よ。その上で、買いやすい商品ページのレイアウトや顧客動線が実現できるように必要な写真を当てはめていく。

そして2つ目のポイントは、ターゲットが知りたがっている情報を写真に盛り込むこと。アパレルならモデルの着用写真、インテリア製品なら部屋全体のコーディネート写真、食品なら食卓に並んだ風景など、「**商品の使用イメージ**」を喚起しやすいものがいい写真だと言えるね。

商品のサイズ感や素材、カラーバリエーション、縫い目などのディテールも消

費者が知りたい情報だ。また、商品ジャンルによっては梱包や配送中のイメージが伝わる写真を載せておくと安心感につながる。逆に、**悪い写真の例としては、食品や雑貨などの商品パッケージの写真しか掲載していないようなもの**が挙げられる。消費者が知りたいのは商品そのものの情報だから、中身の写真を掲載することが必須だよ。

> まずはターゲットのニーズをしっかり把握して
> そのニーズを満たす写真を選ぶことが大切なんですね

ニーズを調べるにはレビューの内容を分析することが有効だ。また、検索エンジンから商品ページに流入した人が使った検索キーワードも参考にしてみよう。

そして最後のポイントは、スマホサイトで見やすい写真を使うこと。PCサイトに合わせて写真を選ぶと、スマホサイトでは文字や商品の細部が小さすぎて見えない場合がある。現在はECサイトのアクセス数の半分以上をスマホユーザーが占める時代だから、スマホサイトでの写真の見え方をしっかり確認しなくてはいけないよ。

写真選びのポイント

① 「誰に売る?」「何を売る?」に合致したものを
　➡ 「おしゃれだから」、「すぐ手に入るから」という理由はNG

② 消費者が「知りたい」情報を盛り込む
　➡ 使用イメージ、ディテール、カラーバリエーション……

③ スマホサイトで見やすいものを
　➡ 主に文字のサイズに注意

図2-6：売上が伸びる写真の選び方

ワンポイントアドバイス

> 商品を比較検討する際に、多くの人がまず写真で選別する。よい第一印象を持たせられれば、きっと購入につながるはずだ

トップページに
必要な要素を知ろう(スマホ編)

今回はスマホサイトの、特にトップページに絞り、基本的な構造やページに盛り込むべき要素について説明しよう。

スマホサイトのトップページはどのようなレイアウトで作ればいいんですか?

情報量と使いやすさの両立が必要なスマホサイトの顔となるトップページは、一般的に「①ヘッダー」、「②メインカラム」、「③フッター」の3つで構成されている（図2-7）。

ページ最上部のヘッダーには、ショップのロゴやキャッチコピー、検索窓、電話番号、カテゴリーページや商品ページへのリンクを配置することが多い。**ページを開いたときに最初に目に飛び込んでくる場所だから、購買意欲を喚起したり、商品を探しやすくしたりするためのコンテンツを優先的に配置するように。**

ただし、**スマホの場合はヘッダーにコンテンツを詰め込みすぎると使いにくく**なってしまうから、コンテンツの一部は「メニューボタン」にしまっておいて、ユーザーがメニューボタンをタップすると隠れていたメニューリストがポップアップするサイトも増えているよ。

そしてメインカラムには主要なコンテンツを配置し、ショップが最も訴求したいことを思い切って打ち出すのが有効だ。大きなバナーを貼ってセール情報や新商品を告知することも多い。メインカラムにはその他に、商品ページへ誘導する画像や特集コンテンツのバナー、セール情報、ランキング情報、新着情報、イベント情報、ブランド名一覧などを掲載する。

ページの一番下に表示されるフッターには問い合わせ案内や店舗情報、特定商取引法に関する記載などを記載することが多い。**フッターにもナビゲーションをなるべくたくさん配置して、ページの最下部までスクロールしたユーザーの回遊性**（サイト内を巡回してもらうようにすること）**を高めることが大切だ。**

特に**スマホの場合には、この回遊性が重要となる。**トップページは店舗の入口に当たるから、カテゴリーページや商品ページなどの「お店の奥」までユーザーを引き込まなくてはならない。カテゴリーページのナビゲーションや検索窓、ランキング情報などを目立つ位置に配置することが有効だ。

　また、PCサイトに掲載している情報の全てをスマホに盛り込もうとすると、情報量が多すぎてページの読み込み速度が遅くなったり、ページが長くなりすぎて使いにくくなったりする。スマホサイトに掲載するコンテンツは重要なものに絞り込むなど、デバイスの特性に合ったサイト作りを意識してほしい。

図2-7：スマホサイトトップページの構成

ワンポイントアドバイス

スマホのトップページの場合には、ヘッダーとメインカラム、そしてフッターの3要素があることをしっかり理解しておこう

Section 08 トップページに必要な要素を知ろう（PC編）

　前回はスマホサイトのトップページを作る際のポイントを解説したけど、今回はPCサイトの構造や必要な要素について説明しよう。

スマホサイトとPCサイトでは必要な要素が違うんですか？

　トップページに必要な要素に大きな違いはないけれど、画面の大きさや操作方法が違うから、パソコンに最適なレイアウトを作ったり、掲載する情報量を変えたりすることは必要だ。

　PCサイトのトップページは「①ヘッダー」、「②サイドカラム」、「③メインカラム」、「④フッター」の4つの部分で構成されている。**スマホサイトとの最大の違いはメインカラムの左側や右側にサイドカラムと呼ばれる枠があること**だ。サイドカラムに配置するコンテンツは「ユーザーがショップ内を回遊しやすくすること」を重視するのがポイントだ。代表的なものとしては商品カテゴリーの一覧や特集ページのバナー、人気商品ランキング、メディア掲載情報といったユーザーの注目度が高いコンテンツを使うことが多い（図2-8）。

ヘッダーやメインカラムはスマホと一緒でOKですか？

　PCサイトのヘッダーは、スマホサイトよりもスペースが広いので、「累計〇〇個の販売実績」、「送料無料」、「即日出荷」といった店舗のアピールポイントを記載してもいいだろう。ギフト対応・配送日数や保証などを目立つ位置に掲載することにより、ショップに対する安心感を高めることで年々EC市場の中で売上高が伸びているギフト商戦で有利に戦うことができる。

　また、ユーザーに回遊してもらうため、ヘッダーには「商品カテゴリー」、「お

客様の声」、「会社概要」、「よくある質問」、「お問い合わせ」などを載せることも忘れないように。特に「会社概要」ページは購入直前で確認する人が多いので誘導とページの内容の充実も必要となる。

　メインカラムはセール情報や新商品、イベント情報など、ユーザーに強く訴求したい情報を載せる。さらにランキングやブランド一覧、特集コンテンツなど回遊性を高めるバナーなどを配置していく。PCサイトは、ファーストビューのエリアに表示される情報量が多いから、スマホサイトに比べて縦にスクロールされにくいのが特徴だ。このことを踏まえてコンテンツを見やすく配置しておくことも大切だよ。最後に、**PCサイトとスマホサイトは、それぞれ作るのが理想だけど、制作や運用の手間が2倍かかるから、社内の人員体制などによってはPCとスマホのレイアウトが自動的に最適化される「レスポンシブウェブデザイン」をうまく活用することが主流となりつつある**ことも押さえておこう。

図2-8：PCサイトトップページの構成

ワンポイントアドバイス

基本的には、PCからECを利用する人は、情報の網羅性などを期待する。スマホページとの大きな違いである「サイドカラム」などを駆使して、情報を盛り込もう

広告はサムネイルを
中心に考える

> 先日、モールで売上を伸ばすために広告を出しましたが
> 思ったほどアクセスが伸びません。
> 広告は効果がなかったのでしょうか？

　モール内で自社のショップへの誘導を増やすために行う広告表示は、「ショップの表示回数（インプレッション数）」を増やすだけの施策に過ぎない。これらに取り組んだのにショップへのアクセス数が増えない場合、その原因は「サムネイル」にある場合も少なくない。アクセス数は「**表示回数×クリック率**」で決まるから、広告などで商品ページの露出をいくら増やしても、サムネイルに問題があってクリックされなければアクセス数は増えないからね。

　特に**スマホサイトでは、PCサイト以上にサムネイルが重要**だ。スマホの画面は小さくて細かい文字を読みにくいため、ユーザーはスクロールしてサムネイルのイメージと値段だけでクリックすることが多いんだ。

> どんなサムネイルを作れば
> クリックされやすくなるんですか？

　サムネイル作りは、「**商品のカラーバリエーション**」、「**サイズ感**」、「**ランキング情報**」、「**価格の割安感**」、「**保証の内容**」、「**機能**」などの情報を画像に盛り込むことが基本となる。さらに、「**ポイント10倍**」や「**送料無料**」といった文言も入れるとクリック率がより高まりやすい。

　また、商品ページのレビューの内容や、ユーザーがECサイトに流入する際に使った検索キーワードなどを分析してニーズを把握した上で、そのニーズに合致する情報を盛り込むことも有効だ。例えば、ギフト用に買われる傾向が強いと判断できる商品であれば、ギフトラッピングの画像をサムネイルに使ってみるのも

一手だろう。

　楽天市場やYahoo!ショッピングなどは、検索結果画面に多数のショップの商品ページが一覧で並ぶ。**競合サイトのサムネイルは凝ったものが多いのであれば、あえてシンプルな画像にして目立たせるのも効果的だ。**また、**サムネイルは一度作って終わりではなく、効果測定を行いながら修正することも必要だよ**（図2-9）。

　注意点としては、情報を盛り込みすぎるとごちゃごちゃして見にくくなってしまう可能性があることだ。サムネイルを公開する前に、スマホサイトの見え方を確認することも忘れないでおこう。

①他との差別化を図る　　　　②やりっぱなしにしない

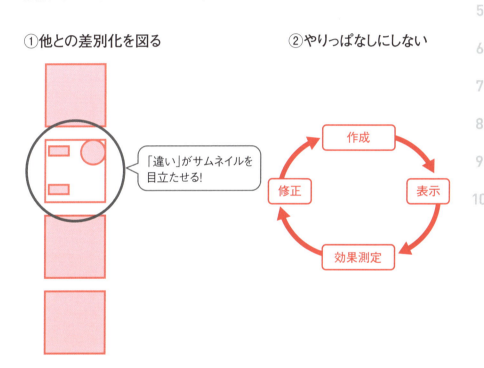

「違い」がサムネイルを目立たせる!

作成 → 表示 → 効果測定 → 修正

図2-9：アクセスが伸びるサムネイルのポイント

ワンポイントアドバイス

やみくもに広告を打つだけでは、ほとんど効果が出ない。「広告は何のために使うのか」、「どのような点を見られるのか」をしっかり理解した上で最適な広告を出稿しよう

先週実施したキャンペーンの成果を数字で報告するように店長から指示を受けたのですが、どの数字を報告すればいいのでしょうか……

　大切な任務だね。それでは、今回はECサイトを運営する上で必ず押さえておくべき数字について説明しよう。

ECサイトの売上高＝アクセス数（アクセス人数）×購入率×購入単価（客単価）

　これは、ECサイトの売上高を示す基本的な公式だ。この公式の意味をかみ砕いて説明すると、**「サイトを何人が訪れて、そのうちの何人が買って、ひとり当たりの購入金額はいくらだったか」**ということになる。

　つまり、売上を伸ばすには、**「①サイトのアクセス数（アクセス人数）」**、**「②購入率」**、**「③購入単価（客単価）」**の3つを高めるために、いろいろな施策を打っていくことになる。だから、まずはこの3つの数字は常に押さえておいてほしい。

　ただし、サイトのアクセス数とアクセス人数は微妙に意味が違うから注意が必要だ。**アクセス人数はひとりが何回アクセスしても「1」とカウントされるが、アクセス数はひとりのユーザーが5回訪問すると「5」とカウントされる**。また、購入率という言葉は**「転換率」**や**「コンバージョン率」**と呼ばれることもある。ECモールやサイト解析ツールの種類によって把握できる数字が違ったり、指標の呼び方が変わったりするから、言葉の意味を間違えないようにしておこう。

指標の意味をきちんと理解することも大切なんですね

　ここまでわかったら、数字を評価する方法を教えよう。数字をそのまま報告し

てもキャンペーンの成果が成功したのか失敗したのかを判断できない。だから、最低でも次の3つのポイントを見てほしい。

①前年同時期との比較
②前月との比較
③競合他社の数値との比較

　競合他社と比較する場合には、楽天市場だと管理画面で特定ジャンルの売上高トップ10のショップのアクセス数、アクセス人数、購入率などの平均値を取得できるので、その数字を参考にするのも有効だろう。

　また、**アクセス数や売上高などを新規顧客とリピーターに分けて集計すると、そのECサイトの成長力や収益性を判断する指標になる**。そして、PCとスマホ、それぞれデバイス別の数値をチェックすることも忘れないように（図2-10）。

　この他にもたくさんの重要な数字があるけど、まずは「①サイトのアクセス数（アクセス人数）」、「②購入率」、「③購入単価（客単価）」を理解し、その数字を評価できるようにしていきたい。

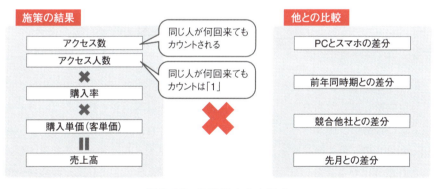

図2-10：効果測定の方程式

ワンポイントアドバイス

効果測定を行う際には、施策自体の「絶対的な」評価と、他との比較を通した「相対的な」評価の、両面から行うようにしよう

成約までの流れを知ろう

日々の業務を円滑にするには、「**ユーザーがカートに商品を入れてから購入するまでサイト内でどのように動いているか**」を理解することも大切だ。今回は、ユーザーがサイト内でどのような経路をたどって購入に至るかについて説明しよう。

まず押さえておいてほしいのは、**モールと自社ECサイトではユーザーの動きが大きく異なる**ということ。例えば、ECモールのひとつである楽天市場で買い物をするユーザーは、まず楽天市場のトップページにアクセスし、モール内検索を使って検索結果一覧へと移動する。そして、欲しい商品を見つけたら、そのショップの「商品ページ」へと入っていく。つまり、**入口は「商品ページ」**ということになる。

ここで質問だ。「商品ページ」にアクセスしたユーザーは、その商品を気に入れば買ってくれるだろう。でも、もし商品が気に入らなければどうすると思う？

うーん……。私なら、検索結果一覧の画面に戻ります

そうだね。せっかく商品ページに入ってきてくれたのに、楽天市場の検索の商品一覧表示に戻ってしまうことが多い。だから、**商品ページを訪れたユーザーを逃さないために、商品ページに色違いの商品も紹介したり、関連商品のバナーを貼ったりして、他の商品ページやカテゴリーページへと回遊させる仕組みを作ることが重要**になる。特にスマホサイトは回遊率がPCサイトより下がりやすいから、回遊の仕組み作りに工夫が必要だ。

一方の**自社ECサイトでは、ユーザーは検索エンジンやオンライン広告を経由して、トップページや広告誘導ページ（ランディングページ）に流入する**ことが多い。そして、自社ECサイトを訪問したユーザーは、特集ページやカテゴリーページ、商品ページ、信用情報のある会社概要ページなどを行ったり来たりしながら欲しい商品を探す。自社ECサイトにおけるユーザーの動きは店舗ごとに違

うし、とても複雑なので、Googleが提供する解析ツール（Googleアナリティクス）を使ってユーザーの導線を把握することが必須となるだろうね。ユーザーの動きを把握し、購入までの経路を強化したり、離脱率が高いページを改善したりすることが大切だ。

さらに、商品を決めてカートに入れてからも、決済方法や住所情報入力などが使いにくいと、せっかく購入直前まで来たユーザーを逃してしまう。いわゆる「かご落ち」と呼ばれる現象だ。これほどもったいないこともないので、かご落ちを極力減らすように、カートで決済するまでの流れも分析して改善する必要があることも覚えておいてほしい。

ここまで、モールと自社ECサイトでのフローの違いと注意点を説明したが、2つに共通する流れをまとめると図2-11のようになる。しっかりとこの流れを理解し、改善を行う際には、どこを改善すればいいのかを明確にできるようにしておこう。

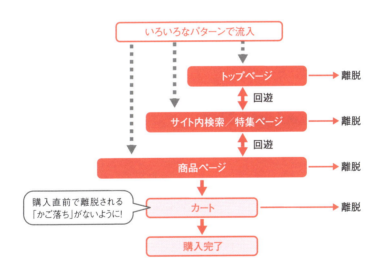

図2-11：成約までの大まかな流れ

ワンポイントアドバイス

せっかく商品をカートに入れてもらっても、かご落ちすることが多々ある。これを防ぐためにも、後半の章で紹介するようなあの手この手を使ってみるといいだろう

受注から出荷までの流れ

注文を受けてから出荷までの業務は、

①受注データ処理
②出荷データの確認
③出荷データ渡し
④商品の梱包
⑤出荷
⑥配送

という順番で進んでいく（図2-12）。これらの全体の流れを総称して「**フルフィルメント**」と呼ぶけど、今回はその中でも「**注文処理**」と「**出荷データ作成**」の注意点について解説しよう。

受注データをまとめて
出荷データを倉庫に送るだけじゃないんですか？

　注文処理の作業はそんなに単純ではない。なぜなら、注文内容に不備があったり、顧客ごとに個別に対応すべき業務が発生したりする場合が少なくないためだ。
　例えば、顧客が入力した配送先住所の郵便番号や建物名が抜けていることは珍しくない。また、備考欄に配送日時指定やラッピングの希望などが記入されていることもある。さらに、支払い方法が「前払い」なら指定の銀行口座への入金依頼を行う必要があるし、利用が増えている「コンビニ後払い」を利用する顧客は与信審査を行う必要がある。こうした入力不備や顧客ごとの要望などを確認せずに出荷データを作成してしまうと、倉庫などの現場が混乱するだけでなく、間違った出荷の原因にもなる。
　さらに、転売目的の大量注文や、クレジットカードの不正使用による注文の可

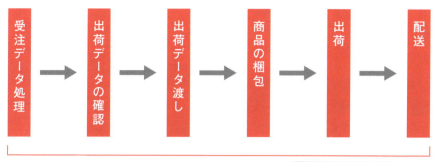

図2-12：受注から配送までの流れ

能性だってある。注文金額が平均値と比べて異常に多いとか、同一人物が繰り返し大量に購入しているようなイレギュラーな注文にも注意が必要だ。

 受注内容をいちいちチェックしなくてはいけないんですね。でも、全ての注文を確認するのは大変そうです……

　そうだね。だから、**受注管理システムを使って注文処理をできるだけ自動化することがECの利益率を改善する重要なポイント**だ。受注管理システムの中には、住所などに不備があったときに「確認待ち」にできるようなシステムもあるので、ある程度まで注文処理を自動化できる。特に**複数のショップを運営している場合、バックヤード業務の効率化は必須と言える**だろうね。バックヤード業務の具体的な改善方法については、243ページで紹介しているよ。

ワンポイントアドバイス

 配送スピードの高速化が進んでいる現在、受注から配送までをいかにスムーズにできるかがかなり重要になっている。しっかりと理解しておこう

重要性を増す倉庫業務のアレコレ

「**物流を制するものはECを制す**」と言っても過言ではないほど、EC事業者にとって物流は重要だ。今回は、前回に引き続いてフルフィルメント業務について説明するが、中でも倉庫での業務にフォーカスして説明する（図2-13）。

受注したら倉庫内ではどんな仕事が行われるのでしょうか？

　まず、受注処理を済ませた注文の出荷指示データに基づいて事務所から「納品書」、「送り状」、「ピッキングリスト」などを発行する。そして、ピッキングリストに沿って倉庫スタッフが商品を仕分けし、納品書などと一緒に梱包する。箱に送り状を添付し、荷物を配送業者に引き渡したら出荷完了だ。

　配送業者の集荷時間は決まっている場合が多いから、その時間から逆算してピッキングや梱包を行う必要がある。例えば、午前10時に注文を締めて出荷データを作成しているEC事業者がいるとする。集荷時間が午後4時であれば、倉庫側は出荷データを受け取ってから6時間以内にピッキングや梱包などを終えなくてはならないね。また、商品ジャンルによってはECサイトに使う商品写真を倉庫内で撮影するなど、梱包や出荷以外の業務を行う場合もある。

倉庫内の業務で注意すべきポイントはどんなことでしょうか？

　「顧客満足度を高める」という視点から考えると、**注文から出荷までの日数を短縮することが重要**だ。現在のEC業界は配送関連のサービス競争がとても激しくなっていて、注文当日の出荷や、土日出荷に対応するEC事業者も増えている。実際、**即日出荷や土日出荷を行うと売上が大幅に伸びることが多い**。

　また、**丁寧な梱包やギフトラッピング**も顧客満足度を高めるポイントだ。「商品

が届いたときの喜び」や「ダンボールを開けた瞬間の感動」がとても重要だからね。

　倉庫業務の基本的な流れは今説明した通りだけど、実際の作業環境は企業ごとに大きく違う。基本的に大手企業は倉庫を持っていることも多いけど、まだ立ち上げから間もないところだと事務所内で梱包や出荷作業を行っているところも多い。また、売上が伸びて、扱う商品が増えてくると、出荷業務に手が回らなくなったり、在庫の保管スペースがなくなったりするから、倉庫を借りたり倉庫会社に外注したりするケースが増える。

　倉庫業務を委託するとルーティンワークから解放されるだけでなく、専門業者に頼むことで即日出荷や土日出荷、ギフトラッピングといったサービス強化につながることも多い。物流品質を高めるために上手にアウトソーシングを活用することも大切だね。

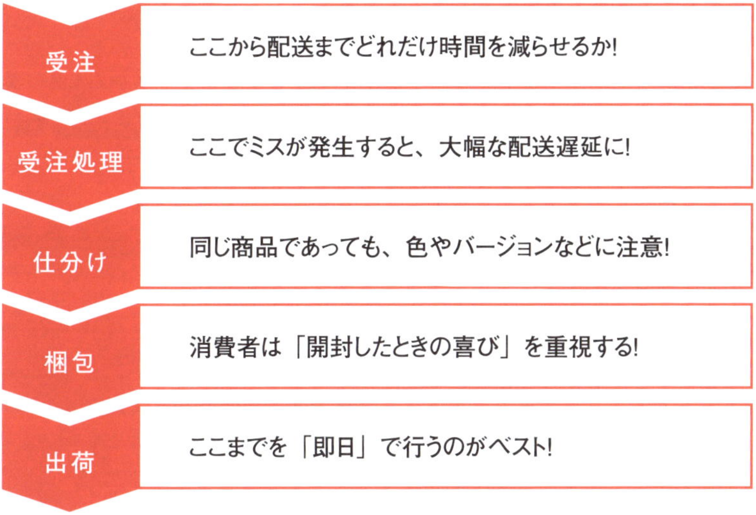

受注	ここから配送までどれだけ時間を減らせるか!
受注処理	ここでミスが発生すると、大幅な配送遅延に!
仕分け	同じ商品であっても、色やバージョンなどに注意!
梱包	消費者は「開封したときの喜び」を重視する!
出荷	ここまでを「即日」で行うのがベスト!

図2-13：倉庫業務の流れ

ワンポイントアドバイス

前節でも紹介したように、受注後の流れをスピーディーにすることが重要になりつつある。その中で、倉庫業務などを外注することを検討したい場合には、239ページを参考にしよう

コラム 知っておくべき商品ジャンル別の売り方 【コスメ・化粧品】編

【傾向】

　コスメ商品は、膨大な商品数が世の中にあふれています。EC、コンビニ、ドラッグストア……いたるところで大量にいろいろな商品が売られているため、ターゲットを絞り込んだピンポイントな訴求が必須となっている状況です。

　例えば、昔であれば「30代以上の女性」というセグメントが当たり前でしたが、最近では、「30代で○○に悩んでいる人」といったように、もう一歩踏み込んだセグメントが必要です。ボトルなどのパッケージに関しては、シンプルであったり、ナチュラル感があったり、「おしゃれな雑貨屋さん」で売られているような印象の商品が最近は人気です。

【売り方】

　商品の売り方としては、110ページで紹介する、サンプルを提供して本品の購入へとつなげる「ツーステップマーケティング」ではなく、本品を初回から定期購入してもらう「ワンストップマーケティング」が多く採用されています。決済方法は、ボリュームゾーンである若い女性がスマホで買いやすいように、携帯キャリアでの決済やコンビニ後払い、モールのID決済などの準備が必須でしょう。

「売る」ために必要なアレコレ

Chapter

3

Section 01 | 売上への影響が強いものの順番を知ろう

ECサイトを立ち上げたり運営したりする上で、限られた経営資源を有効活用するには、大まかな戦略や細かい戦術に優先順位をつけることが欠かせない。今回は、店舗運営に必須の戦略や戦術について説明しよう。まずは図3-1を見てほしい。

優先度	要素	ポイント
1	立地	自社、モール、海外など、どのチャネルやどの商品ジャンルを攻めるか
2	ブランド	自社の店舗名、ブランド名で直接検索してもらえるようになることはスマホ時代で重要度が増す
3	システム・物流	表面には見えない部分であるが、配送スピード、業務効率など利益に影響することが多い
4	人材	EC業務全般と自社の品揃えに精通した人材育成が必須
5	品揃え	ECでロングセラーを狙える商品作りや、売れ筋の在庫を切らさない管理能力が必要
6	売り場	スマホ時代のページ企画、季節のイベントにタイムリーに対応したページ作りが重要
7	集客	複数の広告をトータルした費用対効果を分析して、費用配分などの調整が重要
8	接客	情報発信やギフト対応などでリピート率を高めることが重要
9	分析	デバイス別、チャネル別に様々な分析ツールを活用して改善につながる分析が必要に

（左側の縦軸：高←売上への影響度が上がる→低、戦略（1～4）、戦術（5～9））

図3-1：売上を伸ばすための優先順位

戦略や戦術が9つ並んでいますね

これら9つの戦略や戦術は、上位の要素ほど売上への影響が大きい。中でも上位4つである「**立地**」、「**ブランド**」、「**システム・物流**」そして「**人材**」は「戦略」の部分に関わるもので、**取り組みを開始してから成果が現れるまで数年かかることもあるけれど、結果が出さえすれば売上が大きく伸びる**ことが多いんだ。

　その下に並ぶ「**品揃え**」や「**売り場**」、「**集客**」、「**接客**」、「**分析**」は戦略よりももっと細かい戦術的な要素なので、**比較的短期間で成果が現れる反面、売上高への影響度はやや小さい。**

　売上へのインパクトが最も大きいのは立地（出店戦略）だ。自社ECサイトをどのカテゴリー（立ち位置）に置いて勝負するのか、また楽天市場やAmazon、Yahoo!ショッピングなどの中で、どのモールに出店するかによって中長期的な売上は大きく変わる。自社に合ったECモールに出店すれば年商が数億円増えることも珍しくないからね。

　次に重要なのがブランド。具体的には、商品や企業などの知名度を高め、それらの単語を検索キーワードとして使われやすくする取り組みだ。**強力な「検索指名キーワード」を確立できれば、検索経由の売上を、たったひとつのキーワードで年間に数千万円も生み出すことだって不可能じゃない。**

戦略的な要素は、どれも効果が大きいんですね！

　戦術的な要素についても触れておこう。**注意が必要なのは集客よりも、品揃えや売り場の方が売上へのインパクトが大きいことだ。**ニーズを捉えた商品構成や在庫管理、キラー商品の開発といった施策は、広告など短期的な集客施策よりも継続的な売上へのインパクトが大きい。

　ただし、この順番はあくまで「売上に与える影響の強さ」を表しているだけだから、**順番通りに取り組まなくてはいけないということではない。**売上を大きく伸ばしたいときは、どの要素が自社に必要かを踏まえて優先順位をつけてほしい。

ワンポイントアドバイス

売上を左右する要素として、今回は9つを紹介したが、何もこれが全てというわけではない。日々研究を重ね、自分なりの戦略や戦術を立てられるようにしよう

「売れる」タイミングは
どんなとき?

**ECで商品がよく売れるタイミングは
どんなタイミングなんですか?**

　ECも実店舗と同じで、バレンタイン、クリスマスといった**商戦のタイミング
や、母の日・父の日などのイベント、お中元・お歳暮などのギフト時期に商品が
よく売れる**。ただし、実店舗と違って「**売れ始めるタイミング」がEC**ではかな
り早いんだ。12月に注文が殺到するおせち料理なども、実店舗で本格的に店頭に
並ぶのは11月頃だけど、ECでは夏の終わりにはもう売り出されるし、販促や運
営のカレンダーに落とし込むともっと早く仕込みを始めることになる（図3-2）。

そんなに早く売り出す理由は何ですか?

　楽天市場などのモールであれば、他よりも先に少しでも多くの商品を売ってお
くことで、モール内検索やランキングなどでの露出を上げることができる。だか
ら、**早い時期に商品を出して露出を最大化しておけば、本当に売りたいピークの
時期に大きな効果を上げることができるようになる**んだ。
　また、お中元やお歳暮といったギフト商品など、実際に贈る商品が間違いない
ものか確認できるように、「お試し商品」を事前に買ってもらって本商品につなげ
る、という流れもある。特にECでは、**膨大な情報へ簡単にアクセスでき、簡単
に比較検討ができてしまうため、競合よりも早めに商品を出すことで自社を選ん
でもらう確率を上げたいと誰もが考える**んだ。
　また、ピーク時にはギフト関連の広告が急に高値になる点を考えてみると、早
くから予約してもらえれば、その分のコストを早割や送料無料などの特典として
展開し、ユーザーに少しでも早く自社商品に決めてもらえるだろう。

母の日のカーネーションなど、イベントや商品が毎年同じものについては、日付を変えて去年と同じページを公開してしまえば、その時点では商品がなくても、予約販売として売ることができる。早く買えば特典も得られるため、ECで買う人にとってのメリットもある。

このような流れを受けて、**モールだけでなく自社ECなどでも、商戦をしかける際には早期に売り始める会社が増えている**。いざ「売ろう！」と思ったときにはピークが過ぎていた、ということもあるから注意しておこう。

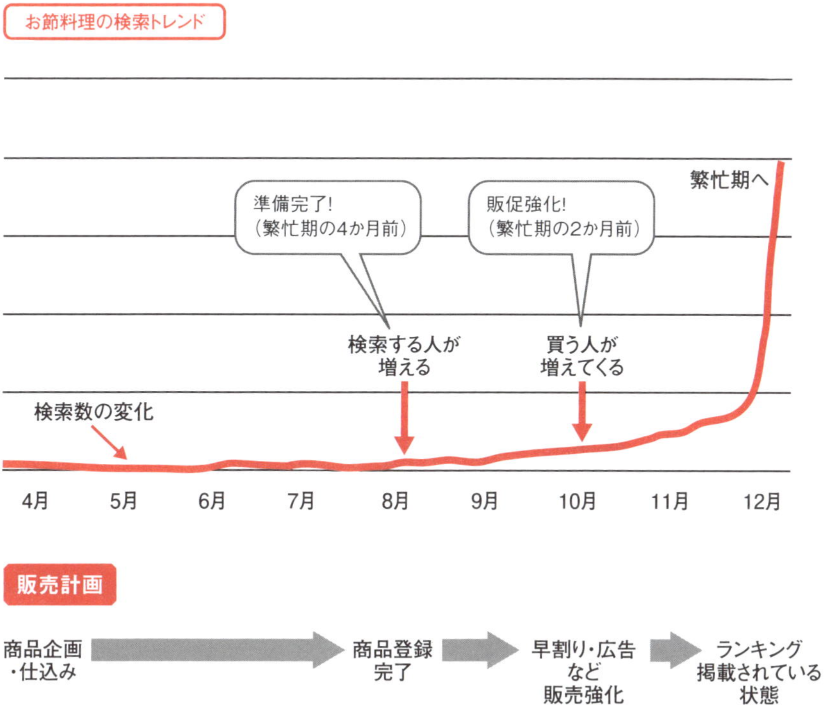

お節料理の検索トレンド

繁忙期へ

準備完了！
（繁忙期の4か月前）

販促強化！
（繁忙期の2か月前）

検索する人が
増える

買う人が
増えてくる

検索数の変化

4月　5月　6月　7月　8月　9月　10月　11月　12月

販売計画

商品企画
・仕込み　→　商品登録
完了　→　早割り・広告
など
販売強化　→　ランキング
掲載されている
状態

図3-2：理想的なスケジュール感

ワンポイントアドバイス

ECでは、露出度がモノを言う。このことを理解して、商戦を仕掛ける場合には、競合に先んじていち早く施策を打つようにしよう

Chap
3

1
2
4
5
6
7
8
9
10

商品ジャンルの
4パターンを知ろう

今回は、商品ジャンルごとの売り方の違いについて説明しよう。商品ジャンルによって、ページの作り方や販売戦略、広告費のかけ方などが違うから、自社の商品に適した方法を理解することが大切だよ。

自社の商品に最適な売り方は
どうやって見つければいいんですか？

ECにおける商品の売り方には、「商品の価格帯が高いか・安いか」、「オリジナル商品か・型番商品か」という2つの軸で、4つのパターンに分けられる（図3-3）。まずは、それぞれのパターンに含まれる主な商品ジャンルと、売り方の基本について説明しよう。

Aゾーン（型番商品×高単価）

Aゾーンとは、「オリジナル性が低く、価格帯が高い商品」が分類されるゾーンのことだ。代表的な商品ジャンルには、家電やブランド腕時計などが挙げられる。このゾーンで売上を伸ばすには、品揃えの多さや、価格の安さ、手厚いカスタマーサポートなどが求められる。

Bゾーン（型番商品×低単価）

Bゾーンには「オリジナル性が低く、価格帯も安い商品」が該当する。書籍や文具、DVD、DIY、日用品などが代表的だ。こちらもAゾーンと同様の品揃えの多さや価格の安さが求められるのはもちろんだが、配送スピードや送料なども重要となってくる。

ちなみにAとBのゾーンは、Amazonやアスクルといった巨大ECサイトや、実店舗を全国展開している量販店など、資本力がある大手企業による寡占化が進ん

でいるのが最近の特徴だよ。

Cゾーン（オリジナル商品×高単価）

　Cゾーンは「**オリジナル性が高く、価格も高い商品**」が対象だ。例えば、家具や高単価のファッションなどが想定される。売り方のポイントは、定番商品の育成や、商品の利用シーンをイメージしやすいページを作ること。そして、リピーターを増やすために、ショップのことを好きになってもらえるような同梱物、会報誌などを活用した「ファン作り」の施策も大切だよ。

Dゾーン（オリジナル商品×低単価）

　最後のDゾーンは、「**オリジナル性が高いながらも価格帯が安い商品**」が分類される。具体的には、化粧品や健康食品、食品など、いわゆる「単品リピート通販」の商品ジャンルだ。新規顧客を獲得するために投資し、何度も買ってもらうこ

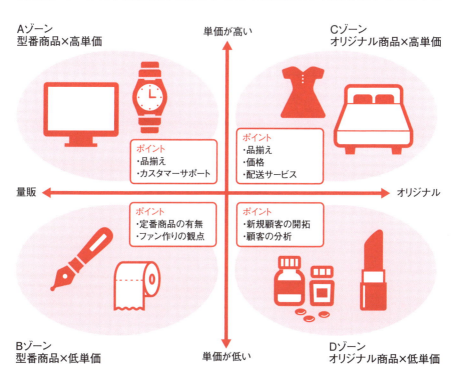

図3-3：商品ジャンルの4パターンとポイント

とで初期投資を回収していくのが特徴だね。売上を伸ばすには、定期購入の会員を増やす施策が欠かせない。メルマガ・DMなどの施策次第で、売上に差が出やすいことも特徴だよ。

商品分類の考え方はわかりましたが
施策で気をつけることはどんなところですか？

　まずは、商品ページの基本的な作り方を説明しよう。**商品ページは商品のオリジナル性の有無で作り方が変わるよ。型番商品を販売するAとBについては、商品ページの制作には極力手間をかけないことが重要になる。**なぜなら、こうした**商品は総じて売上総利益率が低いことが多いため、ページ制作に人件費をかけすぎると収益性が悪化してしまう**からだ。仕入先のメーカーから支給された写真や商品説明文を使って効率的にページを制作するのがポイントになる。

　逆に**オリジナル商品を販売する場合には、商品のことを消費者にしっかり理解してもらわなくてはいけない**から、**商品ページを徹底的に作り込む必要がある。**商品の詳細や商品開発にかける思い、購入者の声といったオリジナルコンテンツも盛り込むと効果的だ。

　広告費の考え方についても説明しておこう。**広告費は、商品のリピート率によって変わる。**Dゾーンの、化粧品や健康食品のようなリピートされることの多いものについては、新規顧客を獲得するために広告費をかけていい。顧客獲得時の広告投資が赤字でも、継続的に買ってもらえればいずれは広告費を回収できるからね。一方、A、B、Cゾーンのものはリピートされることが多くはないので、原則として1回の注文で広告費を回収できるように広告戦略を考えることが基本となる。

ワンポイントアドバイス

商品によって、ページ作りの「黄金パターン」は全く違う。
自社の商品の特性をしっかり理解して、ページ作りをしよう

「売れる」ページ作りの
コツ（スマホ編）

スマホページって、PCのものを
そのまま表示するだけではダメなんですか？

　実は、**PCとスマホでは、そもそもターゲットとするべき層が違うんだ。PCで買い物をする人は、じっくりたくさんの情報を集めて比較する傾向にある。**それに対して**スマホから買い物する人は、通勤中のすきま時間などに閲覧する傾向にある。**そして、**スマホページはPCのページに比べて閲覧される時間が短く、訪問回数が多い傾向にある**んだ。このことを理解しておかないと、せっかくページを作っても意味がなくなってしまう。

なるほど！つまり、見にくる人の違いに合わせてページを
作れば売れるページを作ることができるんですね！

　いや、そう簡単な話でもない。スマホで売れるページ作りをしようと思うなら、多くの繁盛店が実施している３つのポイントを押さえておこう（図3-4）。

①検索性

　まずは検索性を高めること。検索性を上げるのに有効な方法のひとつとしては、ヘッダーをカスタマイズするというものがある。画面をスクロールしてもヘッダーが残るようにすることで、目的とされるページではなかったとしても離脱されず、別のページに誘導しやすくなる。他にも、メニューボタンを押した際にナビゲーションが画面に広がるように出てくる「ドロワーメニュー」をカスタマイズして、ふだんは折りたたまれている情報を開いておき、クリックしやすい大きなボタンを用意してみよう。**目的地までのタップ回数をひとつでも減らすことは検索性の向上、ひいては離脱率の低下につながる。**

②回遊性

　回遊性を向上させると、購入率が上がるということは様々なデータで示されている。そのため、ページをたくさん見てもらえるように工夫することは重要なんだ。例えばひとつの商品ページに同じジャンルで他に売れている商品を並べてリンクを貼ったり、商品かごの下に別の人気商品やイベントのバナーを置いておくことで、商品購入をためらったときでも他のページに動ける動線を用意するなど、できることはたくさんある。

③ビジュアル（写真・動画）訴求

　スマホでは一覧表示に出るサムネイル画像はとても重要なんだ。繁盛店は、説明が入った画像や動画もできるだけ多く入れているので、大きく差がつくポイントだということを知っておいてほしい。

図3-4：「売れる」スマホページを作る3つのポイント

ワンポイントアドバイス

スマホでは、とにかく消費者の「注意」を集め、それを継続させながら商品の購入までつなげることが重要だ。これをしっかり押さえておこう

「売れる」ページ作りの
コツ（PC編）

PCでよく売れるページを作るために
注意すべき点はありますか？

　まずはPCを使って買い物をするユーザーの特性を知っておこう。前回でも少し触れたが、**PCで買い物をする人は、家でゆっくりと腰を落ち着けて作業する人が多く、いろいろなサイトや情報を比較検討することが多い**。メルマガなどの長文テキストもしっかり読む人が比較的多く、閲覧するページの数も多い傾向にある。そのため、**PCで「売れる」ためには多面的で比較検討しやすいような情報をたくさん用意しておく必要がある**んだ。

　しかし、情報量をやみくもに増やすだけだと、消費者が本当に欲しい情報が手に入らなかったり、不要な情報ばかりのページにうんざりされたりしてしまう可能性も出てしまう。そこで、注意すべきポイントがスマホのときと同様に3つある（図3-5）。

①訴求力

　ひとつ目は、「訴求力」だ。たくさんの情報を提供する分、最も押し出したい特徴をキャッチコピーやシズル感（みずみずしさ）のある写真などでしっかりとアピールする必要がある。**「あなたが欲している情報がここにある」ということを強く印象付けて、離脱を防ぐ**んだ。

②検索性

　スマホでも重要だった検索性は、PCでも重要になる。よく使われているのは、メニューボタンにマウスオーバーすると現れる「メガメニュー」だ。メガメニューは、メニューボタンに関連するカテゴリーなどが写真つきで大きく表示されるため、視認性が高く、「①訴求力」を高める上でも役に立つね。

③新しさ

　最後が「新しさ」。これは、「①訴求力」と「②検索性」を補強するものだと考えよう。新しさの重要性を理解する上で知っておきたいのが「**UX（ユーザーエクスペリエンス）**」だ。UXとは、**新しさや利便性などを「体験すること」**を指す。消費者にとって新しい体験を実現するUXこそが売上にも大きな影響を与えているんだ。今までにないEC体験をすることで、購買意欲が上がるということだね。「②検索性」でも紹介したメガメニューは、そんなUXを実現するためのUI[※1]のひとつだけど、日々新しい技術が生まれる時代において、このようにダイナミックな表現がユーザーに対して大きな訴求力となり、購入を引き寄せる要因にもなっている。訴求力と検索性を向上させるために、新しい技術を用いて改善を行っていくことは「売れる」ページを作成する上でとても重要なんだ。

1　特徴をしっかり届ける　**訴求力**

2　膨大な情報の　**検索性**

3　新体験できる機能で感じる　**新しさ**

図3-5：「売れる」PCページを作る3つのポイント

ワンポイントアドバイス

PCで重要となるのは、しっかりとした情報と、それをストレスなくチェックできること。やみくもに情報を集めるのではなく、見せ方にも注意したいところだ

[※1] UI（ユーザーインターフェイス）
　画面に表示されるメニューや、バナーなどの視覚的要素のこと

Section 06 売上分析するために知っておくべきこと

　今回は、ショップの売上分析やKPI（重要経営指標）を設定するときに使う代表的な指標を教えよう。売上高に影響する指標はたくさんあるけど、まずは基本的なものをしっかり覚えておいてほしい。

　売上を分析して伸ばしたいときにはどんな数字をみればいいんでしょうか？

　ECの売上高は、52ページでも説明したように「**アクセス数（アクセス人数）×購入率×購入単価（客単価）**」で表すことができる。だから、売上を伸ばすときには、これらの指標を改善する施策を打つことが重要となる。

　「アクセス数」と「アクセス人数」は全く別物なんですよね

　そして、これら3つの指標に加えて「**キャンセル率**」や「**リピート率**」も売上高に影響する指標だ。
　キャンセル率は、高止まりしているショップは売上のとりこぼしが多いということになる。リピート率については、高ければ高いほどショップの売上が安定していて、比例して利益率も高くなるのが一般的だ。
　だから、まずは「アクセス数」と「購入率」、「客単価」に加えて、「キャンセル率」と「リピート率」の5つを必ずチェックしてほしい。

　わかりました。まずはこの5つをチェックします！

　これらに加えて、売上を伸ばすために最近重視されている指標としては「レ

ビュー記入率」がある。レビュー記入率とは、その店舗で購入した人のうち何割がレビューを書いたかを表すものだ。**ECサイト利用者の約8割はレビューを見て購入する**とも言われていて、レビューの有無が商品の購入率に大きく影響することが実証されている。だから、レビュー記入率を高めることは購入率の改善につながるんだ。

また、リピート率を細分化して、**購入した人のうち何割が会員登録しているかを示す「会員化率」**を見ることもある。会員化率が上がるとリピート率も上がることが多いからね。

これらの指標を分析し、店舗の強みや弱みを理解すると、プロモーションや業務改善において適切な施策を打てるようになるはずだ（表3-1）。

主な指標	参考数値（平均数値）	ポイント
アクセス数	1日1000アクセス	流入経路別のアクセス数を把握する
購入率	自社ECサイトでは、1〜3% モールでは、3〜5%	PCとスマホを分けて分析し、業界やジャンル平均値と比べて検証する
購入単価（客単価）	5000円前後	利益に直結する指標となるので、店舗の工夫や商品の見せ方で変動する
リピート率	初回購入から30%程度	アパレル、食品、健康食品、美容商材では重要
レビュー記入率	5〜10%	年々、レビューを参考にする比率が高まっているので目標指標として取り入れたい
会員化率	初回購入時に60%	アパレル、食品では重要視する指標
直帰率	広告誘導ページで60%以下	広告経由のページやトップページの指標は注意して分析する
ページ滞在時間	3分程度	回遊性を高める
SNSシェア数	各媒体で異なる	媒体の特性を理解する

表3-1：売上を分析するために知っておくべき指標

近年は、スマホの利用率が高まっていることで、スマホサイトならではの指標も出てきている。

スマホサイトの指標にはどんな数字があるんですか？

　例えば、多くのネットショップが最近重視するようになった指標のひとつに**「SNSのシェア数」**というものがある。これは、キャンペーン情報などをSNSに投稿した際、FacebookやTwitter、Instagramなどで「何人にシェアされたか」、「何件の『いいね！』がついたか」、「何人がハッシュタグを使ったか」などを示す指標だ。

　また、ひとりのユーザーに対してどれくらい頻繁に接触できているかを示す**「ユーザーひとり当たりの接触頻度」**もスマホ時代になって重視されるようになってきた。スマホはLINEを中心としたSNS、ショッピングアプリ、メールなど、企業とユーザーがコミュニケーションをとる手段がPCに比べて非常に多い。あらゆるチャネルでユーザーに頻繁に接触している方が、ユーザーの好感度も高まるし、売上も伸ばしやすくなるから、ユーザーとの接触頻度が重視されている。

こんなにたくさんの数字を分析しなくてはいけないなんて、何だか頭が痛くなってきました……

　大丈夫。専門的な数学の知識が求められるわけではないから、心配することは全くないよ。これらの指標を分析するときは、自社ECサイトであればGoogleアナリティクスなどを使う場合が多いし、モールであれば管理画面の機能や、モール側が提供している分析ツールなどを使えば最低限のことはできる。

たくさん分析ツールがあるんですね！
安心しました

最後に、注意してほしいこととして、**指標の分析は業績を改善するための「手段」にすぎない**ことを常に忘れないように。数字を分析して満足するのではなく、指標を改善するために、どんな施策が必要なのかを考え、それらの施策を確実に実行することが大切だよ。

　今回出てきた指標を中心に、指標を改善するポイントを図3-6にまとめてみた。ECサイトの指標には、今回紹介したもの以外にも、**「直帰率」**や**「カテゴリーページの閲覧率」**、**「ページごとの離脱率」**など細かい指標はたくさんあるけど、いきなり全てを理解しようとせず、順番に覚えていけば大丈夫だ。

売 上 の 最 大 化

アクセス数
・検索強化
・メルマガ
・広告
・ランキング
・アフィリエイト
・SNS
・外部流入
etc

購入率
・付加価値創造
・ページ内容
・かご落ち
・配送完備
・決済完備
・在庫管理
・ディスカウント
・モールイベント
etc

購入単価（客単価）
・まとめ買い
・類似商品
・関連商品
・付属品促進
・オプション促進
・トータルコーデ
・ギフト対応
・特集
・大口需要対策
etc

キャンセル率
・お買い物ガイド
・注意書き
・不安払拭
・発送LT短縮
・在庫管理
・メールテンプレ
・トークスクリプト
・代替品促進
・ミス削減
etc

リピート率
・サンキュークーポン
・関連商品告知
・同梱予測商品
・ステップ商品
・定期購入
・メルマガ
・同封物
etc

図3-6：分析は「手段」

ワンポイントアドバイス

売上を分析する際には、こんなにたくさんのポイントがある。いきなり全ての観点から分析しようとはせず、どれかひとつの切り口から始めてみるといいだろう

Section 07 スマホユーザーをガッチリ つかむために知るべきこと

存在感を増すスマホユーザーに、もっと買い物してもらうにはどういう方法があるんでしょうか？

スマホが普及するようになってから、1回の閲覧時間が短く、多く訪問してくれるユーザーに対して、短時間で見られて更新頻度の高いコンテンツがとても人気を集めている。中でも、キュレーションサイトやSNS、YouTubeなどは特に人気が高い。これらを活用することが重要になってきているんだ。

そうやって集客して、操作性・回遊性・ビジュアル訴求に注意して作成したECページを用意できれば、たくさんの人に買い物してもらえるんですね！

そうだね。でも、どんなに多く集客して、その結果として商品をカートに入れてもらえても、それがそのまま購入に直結するわけではないんだ。

例えば、スマホの場合は細かな個人情報を入力するのが面倒だと感じる人が多い。そのため、せっかくカートに入れて購入しようと思っても、面倒な入力を嫌ったり、クレジットカードの登録や会員登録などを避ける人も多くいるため、決済に至らない「かご落ち」が多くある。この現象を防ぐためにも、入力フォームは極力情報を絞り、さらに郵便番号から住所を自動表示させるような入力補助機能を充実させることが重要になってくるだろう。

また、決済方法にも注意したい。スマホと相性がいい「Amazon Pay」や「楽天ペイ」など、モールIDで決済できる方法を選択できるようにしておくことで、さらにかご落ちを防ぎ、購入率アップにつなげることができる。

さらに、一度購入して満足した人は、心理的に安心して同じ店舗から商品を購入しやすい状態になる。したがって、購入経験のある人にもう一度商品を購入し

てもらう「**リピート買い**」を促進することで、購入率をもうワンランク上げることができる。特に、スマホユーザーは訪問回数が多いため、頻度を高く情報を更新することも効果的だし、「**LINE＠**」のような通知機能を持った媒体で顧客との関係性を築いておくことでもリピート購入を促進させられる。

　このように、スマホユーザーの目線に立って顧客接点を増やしていくことや、スマホならではの「買う」をアシストする機能を充実させることが、売上を伸ばすためにとても重要なんだ（図3-7）。

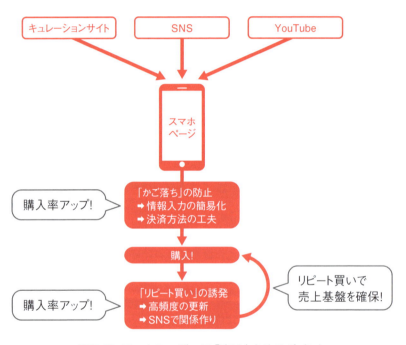

図3-7：スマホユーザーに「売る」ためのポイント

スマホのユーザーは、とにかく飽きっぽい。だからこそ、かご落ち対策をしっかりと行えば、売上は確実にアップするはずだ

Section 08 検索流入から売上につなげるために

最近では、Googleなどの検索エンジンからサイトへとアクセスを集める「**SEO**」が普及しつつあるが、ECサイトの中でも同様の対策を行う必要がある。

検索エンジンとモール内検索とで違いはあるんですか?

2つともユーザーが必要な情報を得るという根本的なところは同じだけど、Googleなどの検索エンジンと、モールが提供しているような検索サービスは、その提供目的と存在意義が全く異なるんだ。

まず、Googleを例にして、検索サービスを提供する側の目的を考えてみよう。Googleは、検索表示などに表示される「**検索連動型広告**」で売上を確保している。Googleのトップページには広告が出ないことからもわかるように、とにかく検索してもらってその興味に近い広告を検索ページに表示している。しかも、広告を露出させるだけでは広告費は発生せず、クリックしてもらって売上が立つ仕組みになっているから、広告費に対して効果が数字で表せるため、企業も広告を出しやすくなっているんだ。

Googleとしては、利益を上げるためにもユーザーにドンドン検索してもらって、広告であっても気軽にクリックしてもらえるようにしたい。そのためにはユーザーの信頼が不可欠で、検索サイトとして信頼してもらうために、**ユーザーの検索に対して「関連性が高そうなページ」を上位に案内できるように設計されている**。知りたいことがすぐにわかって満足した状態を作り、ユーザーとの信頼関係を築くことを大切にしているんだ。

一方の、楽天市場やAmazonなどのモール内検索について考えてみよう。**モール内検索の目的はとてもシンプルで、商品を購入してもらうことだ**。検索された商品が売れれば、モールにとっての売上につながる。だから、基本的には商品が売れなければ意味がないんだ。つまり、**モールの検索は「商品を売るため」に存**

在している。そのため、ユーザーが購入する確率の高い条件を満たした商品を上位表示して、商品を買った人が満足するように設計する必要があるんだ。

ユーザーに対して「**検索結果での満足**」を**目的とする Google 検索**と、「**商品の購入での満足**」を**目的とするモール内検索**。このモデルの違いをしっかり理解しておかないと、検索対策を行うことは難しい。

**でも、検索対策を行う上で
その違いがどんなふうに関係するんでしょうか?**

実は、目的と存在意義の違いが検索対策を行う上では大きな違いになってくるんだ。まずは Google から考えてみよう。Google 検索は、ユーザーにとって信頼に足る情報ページを案内することが重要だから、検索キーワードに関係のある世の中のあらゆるサイトがヒットする全てのサイトが競合になるんだ。その大前提から、EC サイトの構造を考えてみよう(図3-8)、(図3-9)。

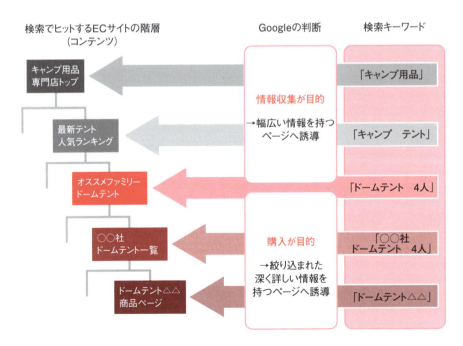

図3-8:Google 検索から EC サイトに流入する場合

まず様々な情報につながるトップページがあり、ひとつ下の階層に行くと、ランキングページやカテゴリー別のページなど情報が少し具体化していく。さらに下層へ進むにしたがって、メーカー別の商品や型番商品のページなど、より具体的な商品の情報が得られるような階層構造になっている。

この構造に対して、Googleがユーザーの検索キーワードに対応するページを案内しようとするとき、キーワードからユーザーの目的が「情報収集」なのか、「商品購入」なのかを自動で判断するようにアルゴリズムが作られているんだ。そして、情報収集を目的としている場合、情報量の多い上層のページを案内し、購入目的の場合には商品ページに近い下層ページを案内するようになっているんだ。

例えばアウトドア関連のサイトで考えてみると、「キャンプ用品」と検索する人は明らかに買い物目的ではなく、キャンプ用品に関する様々な情報を欲していると考えられるためトップページに誘導する。「キャンプ　テント」の場合もまだ情報収集が目的だと判断できるため、テントの人気ランキングなど幅広い情報のあるページに案内する。これが「ドームテント　4人」と具体的になってくると、情報と購入の目的が半々くらいだと判断して、ドームテントのオススメページに誘導する。「○○社　ドームテント　4人」のようにかなり具体的になると購入目的と判断して、商品ページに近いメーカー別のページに、型番商品で検索すれば、直接商品ページに飛ばす。

このように、**よほど具体的な検索を行わないと商品ページに誘導しないのが検索エンジンによる検索なんだ。Google**を中心とした検索エンジンに対して対策を行うのであれば、この流れに逆らわないように、**各階層別にページ情報を整えておく必要がある**と言える。

それに対して**モール内の検索**は、**商品を売るために存在している**から、**商品ページ以外を開く必要がない**んだ。だから、どんなに幅を持ったキーワードで検索しても、商品ページしかヒットしない。つまり、**コストをかけてトップページや中間ページに対する検索対策を行っても無駄になってしまう**んだ。

同じ検索でも、こんなに違いがあるんですね!

その通り。この違いをしっかりと理解しておけば、より効率的なサイトの構築が可能になるはずだ。

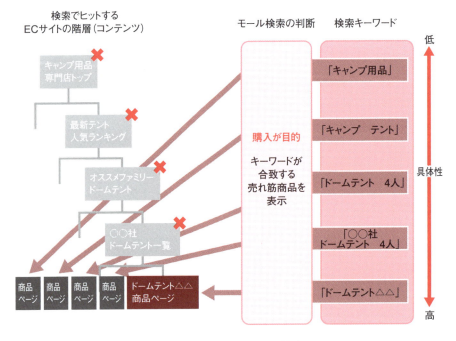

図3-9：ECサイト内での検索

ワンポイントアドバイス

ここで説明したように、Google検索からの流入か、サイト内のエンジンからの流入かで、ページの作り込み方が変わってくる。まずは自分のターゲットがどちらなのかをしっかり認識しよう

ライバル店を調査する際のポイント

今回は、マーケティングの基本であり、ECサイトを運営する上でも重要な「競合調査」の方法について説明しよう。ライバルを調べるには、どんな調査をすればいいと思う？

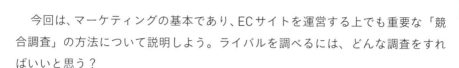

サイトをじっくり見て、デザインや商品の価格などを調べるんでしょうか？

もちろんそれも大切だけど、それだけでは足りない。**競合を調査する際には、サイトのデザインや商品価格といった表面的な情報だけではなく、顧客対応の方法やファンを増やす施策など、目に見えないことまで調べる必要がある**からだ。競合調査は、基本的に次の3つの方法で行うといいだろう。

①レビュー調査

まず、競合店のレビューを分析し、**「利用した人が何に対して喜んだり、満足したりしているのか」**を読み解くことが必要だ。そのサイトが選ばれた理由は「価格」なのか「配送スピード」なのか、それとも「カスタマーサポート」なのか。そういった視点からレビューを分析すると、競合の強みや特徴が見えてくる。また、レビューを調べれば、どんな人が買っているのか（競合店のターゲット層）といった情報や、どんな目的で買われてるのか（自己消費かプレゼント用途か）などもわかる。レビューを分析したら、次に自分たちが運営しているECサイトのレビューも分析し、内容を比べながら自社に足りないものを見つけていこう。

②購入調査

競合の商品を**「実際に買ってみる」**ことも有効だ。**買うまでのカートの使いやすさなどは、購入者の立場になって初めて見えてくることも多い**からね。購入後の調査項目には「**パッケージ**」、「**同梱物**」、「**カスタマーサポート**」、「**到着後のメ**

ルマガ」などがある。例えば、手書きのお礼状を同梱していたり、出荷報告メールや到着確認メール、サンクスメールなどをこまめに送信していたりする場合、顧客満足度は高いことが予想される。また、購入後にショップから送られてくるメルマガやステップメールなどの内容は、そのショップのサービスを知る貴重な手がかりになるだろう。

外からサイトを見ているだけではわからないような
重要な情報がたくさんあるんですね

③サイト全体の調査

そして3つ目のポイントは、サイト全体を調査することだ。商品のカテゴリー、価格や内容量、品質、機能、ラインナップ数といった「**商品軸**」での調査に加え、配送スピードや送料、ポイント倍率、クーポン、保証といった「**サービス軸**」の調査も大切だ（表3-2）。その際、PCとスマホの両方からチェックすることを忘れないようにね。

すでに支持されているサイトを調査し、調査項目をリスト化することで、自社でも参考にして取り入れる部分と差別化する部分をチームメンバー全員が共有できるようになるはずだ。

サイト調査	
商品	サービス
・価格 ・内容量・重量（1gあたりの単価なども） ・サイズバリエーション ・カラーバリエーション ・素材/原料 ・原産国/生産地 ・メディア掲載情報 ・ランキング情報	・ポイント倍率 ・送料 ・送料無料ライン（何円以上で送料無料か） ・配送方法 ・配送スピード（あす楽・あすつく） ・クーポン ・保証 ・特典 ・他サービス（返品条件など）

表3-2：サイト調査のチェックポイント

ワンポイントアドバイス

ライバル店を調査する際は、自分が「一消費者」になり切ることが大切だ。ふだんは持たないような視点で調査に当たろう

自店のファンを増やすには
どうすればいい?

売上を安定的に伸ばすには、**固定客を増やすことがとても大切**だ。今回は、ファンを増やす方法について説明しようと思う。

どんな施策を打てばファンが増えるんですか?

ファンを増やすために基本となるのは、次の2つのステップだ。

①**自店のことを覚えてもらう**
②**継続的に利用してもらいながら徐々に好きになってもらう**

ファンを増やす具体的な施策についてはたくさんあるけど、その中でも特に有効なもののひとつが「**同梱物**」だ。一般的に、**商品に対する消費者の期待感は「商品の箱を開ける瞬間」に最も高まる**と言われている。だから、商品を開封したときに、いかに同梱物で好印象を与えることができるかが、そのショップと消費者との関係性を左右する（図3-10）。同梱物で心をつかむことができれば、その後、メルマガやDMなどを送ったときの開封率も上がりやすいだろう。

具体的には、どんな同梱物を入れれば効果的ですか?

よく使われているものは「購入者の声」を記載したパンフレットなどだ。消費者は、商品を手にしたときに「この商品を選んで本当に正解だったのかな」と自分の買い物に疑問や不安を感じる場合がある。そこで、実際に購入した人の感想を同梱しておくことで、疑問や不安感を打ち消すことができるんだ。
また、「**ショップらしさ**」が伝わる同梱物を使うと印象に残りやすい。特産品の

果物を売っているショップであれば、梱包箱に詰めるクッション材としてその地域の地方新聞を使うと、一気に「地元感」が強まる。また、木工家具のネットショップが「植物の種」を同梱するなど、商品と関連するものを同梱すると印象に残りやすいだろう。

印象に残るようにした後、継続的に利用してもらいながら好きになってもらうにはどうすればいいんですか？

　例えば、誕生日に送るDMは単なる割引クーポンなどではなく、手書きのメッセージカードとちょっとしたプレゼントを贈るだけで、ショップに対する印象が向上するはずだ。手書きのサンクスメールや自作の4コマ漫画など、独自性が高いものや手作り感が伝わるものを同梱物やDMで届けることもファン作りに役立つだろう。

　従来よく使われていたメルマガも、情報発信を中心に実行する必要はある。しかし、**デジタル化が進行しても、ECで購入した商品は当面「箱」に入って届くので、アナログ的な対応で購入者のハートをつかんで「ファン」になってもらう取り組みが有効**なことを覚えておこう。

図3-10：開けた瞬間の印象が重要

ワンポイントアドバイス

今後、ますますタコツボ化が進むことが予測されるECにおいて、自店のファンをいかにたくさん抱えられるかが売上を左右する。あの手この手で根強いファンを作るようにしよう

売上が伸びやすい
運営体制を知ろう

運営体制で EC の売上って変わるものなんですか？

　もちろん、運営体制そのものが売上を伸ばすわけではないけど、EC 業務が複雑化していく中で売上を伸ばすためには、バランスのよい運営体制がどうしても重要になってくるんだ。

　例えば、EC 事業を展開しているある企業では、コールセンター部門とサイト運営部門が非常に密に連携をとっている。**コールセンターは、企業によってはコスト部門であると考えられているんだけど、その企業ではレビューを重視していて、顧客満足度を向上させるためのカスタマーサービス部門として顧客の声を集めてサイト運営に生かしている**んだ。他にも、コールセンターと注文処理・出荷指示などのフルフィルメント部門が連携して、他社にはできないようなサービスを提供することでリピート客を獲得して売上アップにつなげている。

なるほど！生の声を集めて
よりよいサービスに直結させているんですね

　コールセンターに寄せられる声は、他の部署であるプロモーション部門やフルフィルメント部門にとっても有益な情報となるため、その企業ではコールセンターを外注せずに自社で丁寧に運営しているんだ。EC では、消費者にとってよい商品であることは大前提として、寄せられた声を速く・確実に実行できる運営体制作りになるからね。

　ただし、何を重視してサービスを提供していくかは商品によっても異なるし、よほど資金に余裕がないと EC に関わる全ての事柄を大切にするのは難しい。だから、自社は競合他社に比べて何が得意で、何に注力して伸ばしていくのかを判

断することが非常に重要になってくる。

多くの部署が存在するECで運営の強みを決めるのは
とても難しそうです

　そうだね。サイト運営にプロモーション、コールセンターにフルフィルメント。他にもシステムやCRM・在庫管理など、各部署のリーダーはもちろん自分たちの仕事に全力を尽くしている。だからこそ、限られた予算の中で何を我慢して何を強化して伸ばしていくか、全体のバランスをとって判断ができる現場リーダーとなる「**統括マネージャー**」の存在が重要になってきている。各部署の状態を把握してトップや経営層の判断を仰ぎ、どのようにECを伸ばしていくか全体を見渡して各担当に実行の指示を出せる人材が求められているんだ（図3-11）。

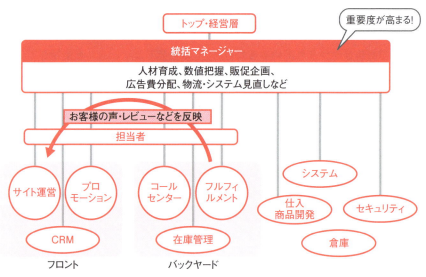

図3-11：ECサイトの運営体制の例

ワンポイントアドバイス

運営体制は、直接的に売上に関係があるわけではないものの、強固な体制を築くことが長期的な発展につながる。246ページには、事業拡大した際の組織の考え方も掲載しているから、参考にしよう

12 | 売上に直結する
SNSの活用法

最近は、SNSを使って集客やブランディングに取り組むEC事業者が増えている。そこで今回は、SNSをECに活用するときのポイントを説明しよう。

 SNSをECに活用するコツは何でしょうか

SNSを活用する場合には、いくつかのパターンがある。中でも代表的なものは次の3つだろう。

①企業が情報を発信して購入につなげる

この場合には「ブランディング」や「商品の認知拡大」を目的に設定すると、効果を最大化しやすい。「商品を知ってもらうためのきっかけ作り」を基本線としてSNSを活用し、一喜一憂せずに中・長期的に売上を伸ばしていくイメージだ。

この際に注意したいのが、コンテンツを投稿するときの方向性だ。**セールスの雰囲気を出したような投稿は、煙たがられる**（図3-12）。SNSのユーザーにとって、自分のタイムラインは友人や知人と交流するためのプライベートな空間なので、このことを理解せずに、あからさまな商品PRの写真などを投稿してしまっては、なかなか売上にはつながらないだろう。だから、**商品の写真を投稿する場合は、その商品を使うことで実現する「ライフスタイル」をイメージしやすい写真を使うことをオススメする**。アクセサリーのショップであれば、海辺でブレスレットをつけたモデルの写真を投稿するなど、ライフスタイルに商品が自然に溶け込んだ写真が効果的だろう。最近は、写真だけでなく動画もSNS上で視聴されやすくなってきたので、動画を活用するEC事業者も増えているね。

 確かに、SNSを使っているときにあからさまな広告があったら無視します

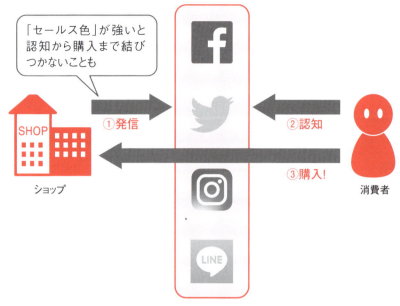

図3-12：情報を発信して購入につなげる

②ユーザーが投稿したコンテンツをECサイトなどに活用する

　最近は、ユーザーがInstagramなどに投稿した商品写真をランディングページに掲載するEC事業者が増えているんだ。**ユーザーが投稿したコンテンツを使うことでページに賑わい感が生まれるし、クチコミ効果で購入率の上昇も期待できる**からね。商品を使っている写真をハッシュタグつきでSNSに投稿してもらうキャンペーンなどを行い、商品に関連する投稿をSNS上に増やすことで、商品の認知拡大や集客につなげる施策も有効だろう。

③広告を使ってECサイトに集客する

　短期間でSNSユーザーを自店へ誘導したい場合には、SNSで広告を配信するのも選択肢のひとつだろう。

　それぞれのSNS広告は、どんな特徴があるんですか？

Facebook広告は配信対象を細かくセグメントできるので、**精緻なターゲティング広告に向いている**。また、主なユーザー層は30〜50代でビジネス用途に比較的強い。Instagramは、10〜20代のユーザーが多く、特に20代の女性に関しては利用率が非常に高い。**ユーザーは流行に対する感度が高く、タイムラインで話題の商品をECサイトで買うことも珍しくない。Twitterは拡散力が特徴**なので、テレビで商品が紹介されたタイミングでTwitter広告を配信するなど、話題性を生かしてECサイトへの誘導につなげるのも手だろう。ちなみに、FacebookやTwitterはスマホでの閲覧が多いので、最近はタイムラインに一定間隔で表示される「**インフィード型広告**」が主流となっている（図3-13）。

最後に、LINEについて。**LINEは、メッセージアプリとして幅広い年代に利用されていることや、メッセージ形式のプッシュ広告は開封されやすいことから、ECとの相性のよさが注目されているよ。**

余談だが、最近は若年層を中心に、**検索エンジンではなく InstagramなどのSNS内で商品を探す人が増えている**と言われている。Googleの検索エンジンの検索結果は意図的な対策を施したコンテンツや広告で埋め尽くされていると感じている人が増えていて、インフルエンサーやタレント、友人・知人などがSNS上に投稿した情報が信頼される傾向が強い。SNS上の情報が消費者の行動にどのような影響を与えているかを理解することも、SNSの運用で成功する近道だろう。

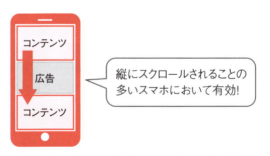

図3-13：スマホで有効なインフィード型広告

ワンポイントアドバイス

スマホの普及に伴って、SNSは消費者にとって必要不可欠なものになりつつある。ここに上手にアプローチできれば、長期的に安定した売上アップにもつながるはずだよ

コラム 知っておくべき商品ジャンル別の売り方 【インテリア】編

・布団

【傾向】

　布団は、購入頻度の低い商品のひとつです。そのため、商品を選ぶ明確な基準を持っていない消費者が多い傾向にあります。それに対して、販売する側は、ついつい機能性や羽毛の軽さといったスペック面での訴求になりがちです。

【売り方】

　上記の傾向を踏まえると、差別化を図るには、機能性だけでなく、柄が「おしゃれ」などの感覚的な訴求を行うことが有効です。また、家族のものをまとめて買うケースも多々あるので、まとめ買いでの「セット割」などを用意しておくことも有効です。また、最近では「枕」について、頻繁に買い換える人や、ひとりで複数持つ人も増えているため、集客商品として活用することもいいでしょう。

・カーテン、カーペット

【傾向】

　カーテンやカーペットなどは、用途別の提案がモノを言う商品ジャンルです。カーテンであれば、西日対策などの「遮光性」や、外光を採り入れながらも外からは見えにくい、などの「プライバシー対策」だけでなく、エアコン効率を高める「保温・遮熱」と言った、住宅によくあるような悩みを解決する機能性のあるものが伸びています。カーペットに関しても同様に、「丸ごと洗える」商品や、「防ダニ」などの、機能性の高いものが好まれる傾向にあります。

【売り方】

　高額なものを扱う場合には、購入前の検討段階に、素材のサンプルなどを提供するといいでしょう。また、最近では住宅環境が多様化しているため、窓のサイズに合わせたり、部屋の形に合わせたりしたオーダーメイド的な対応も必要になるでしょう。

自社ECの基本

Chapter

4

自社ECの役割って何?

モールの力が大きくなる中で
そもそも自社ECの役割って何なんでしょうか?

　自社ECを運営する上で「顧客名簿」が重要なことは説明したよね（22ページ参照）。**モールは顧客名簿を持っていなくてもビジネスが成立するけど、自社ECの場合は顧客名簿がないと商売が難しいという点で、従来の「通販ビジネス」とよく似ている**んだ。

　そして、どのような名簿を有しているかどうかで自社ECの役割は大きく異なるんだ。自社ECには、大きく分けて次の3つのパターンがある。

①もともと通販ビジネスを行っており、「顧客名簿」を持っている

　もともとカタログやDMなどで通販ビジネスを行っていた場合、通信販売で買い物をしてくれる「顧客名簿」を持っていることになる。顧客名簿があれば自社ECを始めやすく、通販ビジネスの延長として実際に大きな売上を得ている会社がたくさん存在するんだ。

②顧客名簿は持っていないが、実店舗の会員名簿など「見込み客名簿」を持っている

　次に、通販経験はないものの、自社の商品を買ってくれそうな「見込み客名簿」を持っている場合だ。この場合には、ECでの認知度をいかに広げるかという課題はあるものの、見込み客名簿から顧客名簿を作成していくことに成功すれば、大きなビジネスに広げることができるだろう。

③名簿を持っていない

　名簿を持たない会社の場合は、集客コストが非常にかかる。そのため、このようなケースで本当にECをやるべきかは議論の余地があり、名簿を作っていく方法があるのかもあらかじめ考えておく必要があるだろう。

名簿をいかに増やし
関係強化していくかがカギなんですね

　そのために、**顧客との関係性を強化していくことがとても重要になる**んだ。だから、顧客に合ったコンテンツを作り込んだり、SNSやブログを使ってスタッフに親近感を持ってもらったり、最近では様々なコミュニケーションをサイト内で交わすようになっている。

　これまでは、企業サイトやブランドサイトからいかにECサイトへ誘導して商品を購入してもらい、名簿化作業を進めるかに注目されていたんだけど、最近では「顧客との関係強化」を追求していくうちに、ECサイトと、従来持っていたブランドサイトの一体化ということが始まっている。自社ECは名簿客に対してリピート買いを促進する役割から、企業のブランド戦略の要として、より大きな役割を担うようになってきたことは、とても重要なことだからよく理解しておいてほしい（図4-1）。

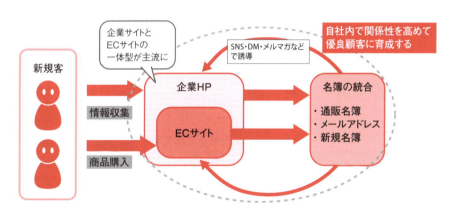

図4-1：自社ECサイトを取り巻く全体像

ワンポイントアドバイス

基本的に、自社ECの戦略は顧客名簿の強化にある。そのためには、顧客との関係性を深める取り組みが重要だ

サイト構築の流れを知りたい

自社のECサイトを一から構築するには
どのような手順を踏むんでしょうか？

　自社ECサイトを構築するには、それぞれの専門家と役割分担を行って適切な指示を行うことが重要だ。そのためには、作成フローをしっかりと把握して計画的に進めることが必要になる。まずは大まかな作成フローを順番に確認してみよう（図4-2）。

◆構築編

①必要な機能のリストアップ（システムの要件定義）

　サイトに必要な機能をあらかじめ網羅しておかないと、予算が組めない上にサイトの設計を行うことができない。どんなサイトにしたいか、どんなサービスを提供したいかをまずはしっかりと網羅しておこう。

②サーバー・ドメイン・メールサーバーの準備

③カートシステムの構築

　②と③に関しては、とても高度な技術を要するため、100ページで紹介するようなシステムを選定して、必要に応じてカスタマイズを行う部分になる。ASPやオープンソース・パッケージなどを活用したり、フルスクラッチでシステム会社にオーダーメイドしたりなどがあるが、サイトの土台となる部分だから慎重に行おう。

◆運用編

　そして、ここから先は新商品やページの追加が必要になると都度作成が必要となる「運用」の部分だ。事前にどのような運用体制が構築できるかも踏まえて考えておく必要があるだろう。

④カテゴリ、商品情報の登録

　消費者が実際に画面で見る情報を入力していくフローだ。商品写真や説明文・価格などを入力するが、「売りたい」と先走るのではなく、買う側の目線を忘れないように意識しよう。

⑤ページデザインの決定

　デザイナーに依頼して、入力した情報をPCとスマホにそれぞれ適したデザインへ作り変えてもらう。

⑥コーディング

　デザインが完成したら、実際にWeb上で正しく表示するために、コーダーがコーディングというプログラミング作業を行う。

⑦コーディングデータをシステムに組み込む

　完成したコーディングデータシステムに組み込んでいくが、これも多くの場合コーダーがそのまま行うか、システムが外部にある場合は外部に委託する場合もある。

⑧運用テスト

　完成したデータがスマホとPCの両方で正確に動作するかを確認し、実際に商品の注文を試して正確に受発注機能が動作するかをチェックする。

　ここまでをこなして、ようやくひと通りが終わる。

　なお、基本的な流れはここで紹介した通りなんだけど、実際にはここで紹介しなかった「ディレクター」や「プランナー」といった立場の人が、作成を指示する前にしっかりと設計図やスケジュールを作成して計画的に進めていくことが必要になる。ページのデザインひとつをとっても、「ワイヤフレーム」という設計図を作成して、そこに肉付けをしていく形で、写真撮影や文章のライティング、イラストアイコンなどの必要な素材を全て集めていくんだ。そうして集めた素材をワイヤフレームに乗せていくとページの「仕様書」や「構成案」と呼ばれるECサイトの骨組みが完成する。この仕様書を基にデザイナーがデザインを行い、コーダーがコーディングを行うため、みんなが連携してECサイトを完成させるためにも、ディレクターは要となる非常に重要な立場だと言えるんだ。

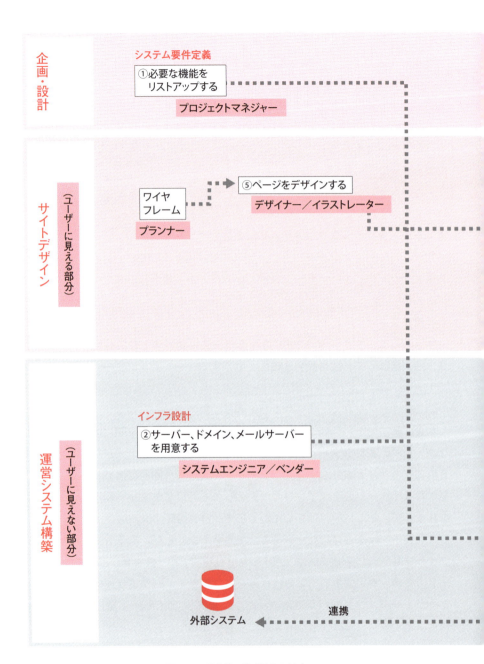

図4-2：ECサイト構築の流れ

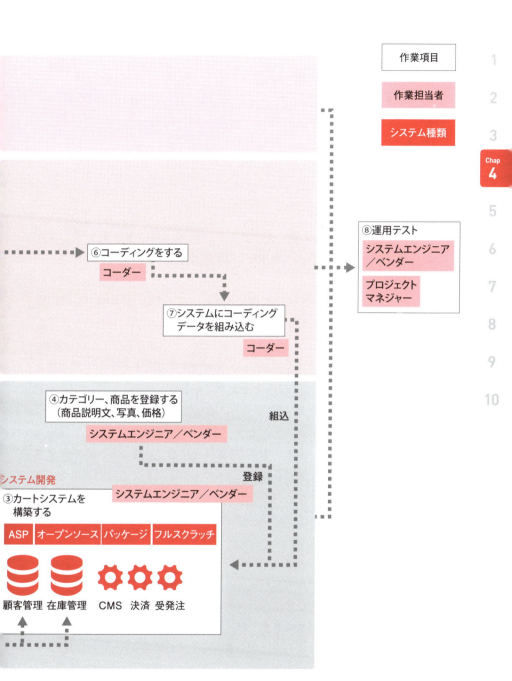

作業項目

作業担当者

システム種類

⑧運用テスト

システムエンジニア／ベンダー

プロジェクトマネジャー

⑥コーディングをする

コーダー

⑦システムにコーディングデータを組み込む

コーダー

④カテゴリー、商品を登録する（商品説明文、写真、価格）

システムエンジニア／ベンダー

組込

登録

システムエンジニア／ベンダー

システム開発

③カートシステムを構築する

ASP｜オープンソース｜パッケージ｜フルスクラッチ

顧客管理　在庫管理　CMS　決済　受発注

サイト構築システムの種類を知りたい

　自社ECサイトを構成する場合、システムの選定はとても重要だ。どんなサイトをどれくらいの規模で作るのかを慎重に考えて選ばないと、大変なことになってしまう。

**ECサイトの構築システムってたくさんありますよね！
どのように選ぶべきでしょうか？**

　システムには、大きく分けて4つの種類がある（表4-1）。具体的には「**費用**」と「**拡張性**」という2軸で考えるんだ。まず、オーダーメイドで理想のシステムを開発する「**フルスクラッチ**」がある。これはデザインの細部までこだわったり、自社や外部ですでに運用しているシステムとの連携を可能にしたりなど**理想的なシステムが手に入る反面、最もコストがかかってしまう**。目安として、年商10億円以上が見込めるような大規模なECサイトに適している。

　これよりもコストを抑えるには、「**パッケージ**」と「**オープンソース**」の2種類が存在する。パッケージは、基本となるEC機能が用意されており、さらに外部システムの連携など、必要な機能を追加カスタマイズしていくことが可能だ。基本部分が用意されている分、フルスクラッチより初期投資を抑えることができ、目安としては年商が5億〜10億円くらいの規模に適していて、開発費も2000〜3000万円くらいの規模が多い。

　もうひとつのオープンソースは、パッケージと同様に基本機能が備わっており、カスタマイズも可能で、初期費用もパッケージに比べると安く抑えることができる。しかし、その反面で**保守などは別途対応する必要がある。パッケージとの最大の違いは、このランニングコスト**だ。パッケージは、提供企業がセキュリティ管理や機能改善など、いわゆる保守の部分を行ってくれるが、オープンソースの場合はアップデートや機能追加を自分たちでシステム会社などに依頼する必要があるため、都度コストがかかってしまうんだ。

最後に、年商3億円かそれ以下のサイトにオススメなのが「**ASP**」だ。サーバーや管理、保守に至るまで月額でレンタルできるサービスで、多くのEC事業者が利用している。そのため、SNSの連携やスマホ対応など最新の機能を時流に合わせて無償で追加してくれる。ただし、**多くの事業者が一斉に利用するため、ショップに合わせてカスタマイズすることができず外部システムとの連携が難しいというデメリットもある**んだ。

	サイト規模の目安	初期費用の目安	特徴
フルスクラッチ	年商10億円〜	3000万円〜	オーダーメイドのため、あらゆる要求を満たすことが可能
パッケージ	年商5〜10億円	2000〜3000万円	必要に応じて追加費用を払い、機能を拡張できる
オープンソース	年商3〜5億円	数十万円	初期費用は安いが、保守が高コスト
ASP	年商3億円以下	0円〜	手軽に始められるが、柔軟性が低い

表4-1：ECサイト構築システムの4分類

ECのシステムは一度選択すると簡単に変更することができないから、目標とする売上規模と、外部連携の必要性を加味し、予算をよく考えてシステムを選定する必要がある。また、社内のリソースを考慮することも重要で、ページの制作や更新を社内で行うか外部に依頼するかでも変わってくる。

自社サイトの分類がわかれば、
かなり選択肢を絞ることができそうです

そうだね。外部連携が必要なければASPで問題ないし、どうしても連携が必要であれば目指す売上規模とリソースから選択する必要がある。ASPの中にはリピート通販や単品通販など、専門性に特化したサービスもあるから、自社の分類をまず考えて、それにマッチしたものを選択しよう。

ワンポイントアドバイス

ECサイトを構築する場合には、システムの種類を理解するだけでなく、自社サイトの予想される売上規模などをしっかり分析してから選定しよう

サイト運営に役立つ
様々なツール

ECサイトに使えるツールがたくさんあると聞いたんですが、「ツール」ってどんなものがあるんでしょうか？

　ECの場合、まずはショッピングカートを契約しないと商品が販売できないんだ。昔はカートとサイトは別々のサービスとして提供されていたんだけど、最近はほとんどがサイトとカートが一体となっているよ。商品数や機能で価格の違いはあるんだけど、基本的なサービスや機能には大差がないから、自社サイトの特性に合わせて、様々な機能を持ったサービスを検討するといいだろう。その数は多く、全てを紹介するのは難しいから今回は主要なツールの種類を教えておこう。

◆購入率を向上させるもの

・レコメンドツール：レコメンドとは、Amazonや楽天などのモールでよく見られる「この商品を買った人はこんな商品を買っています」といったものや、今見ている商品の類似商品など、ユーザーが見ているページに合わせて購入につながる可能性が高い商品を自動で表示してくれる機能なんだ。最近はAI（人口知能）などのテクノロジーを活用した高機能ツールが増えている

・パーソナライゼーションツール：例えば、現在ページを見ているAという人の購入履歴やページ閲覧時間などの行動をデータ分析機能やAIが記憶して、以前商品を購入したBという人物と似た行動であることを判断して、Bが購入した商品を興味がありそうな商品としてオススメしたり、商品購入を迷っているとAIが判断したユーザーにはクーポンを出したりなどしてくれる機能だ。スマホ時代で消費者がいろいろなサイトを見て回る傾向が強くなった中で、潜在客を逃がさないためにも必須の機能となっている

・**エントリーフォームツール**：商品購入の際やID登録を行う際など、必須項目の入力漏れがあった際に教えてくれたり、入力漏れがあった部分だけを再表示したり、情報をスムーズに入力できるようにサポートするものだ。入力に時間がかかっている部分がわかるものもあり、わかりにくいと考えられる部分を改善するなど、ユーザーの利用体験を改善してスムーズに商品購入に導くためのツールだね。これもスマホ時代には売上に影響する重要なツールとなっている

・**コンテンツ自動表示ツール**：モールなどでよく見る「この商品はこれだけの人が買っています」といったものや「こんなレビューがありました」、「今、購入で何日後に届きます」といった個別の情報を自動で表示することを実現するツールだ。サイト上で都度更新をしていなくても新しさを出してくれるものや、ランキングを自動で生成してくれるものもある。日々変化する内容を人手で都度更新するのは大変だから、様々なデータと連携して自動で反映してくれる機能なんだ

・**サイト分析ツール**：ECではユーザーの行動が基本的にはわからないんだけど、この機能を使えば、どこから来て何を見て何を買ったか、などがデータでわかるようになる。どんなキーワードで検索してきたのか、どんなリンク先から来た人がよく買ってくれるのかなどもわかるから、売れている要因を発見してそこに注力することもできるんだ。また、「ヒートマップ」と言って、サイト内のどこをよく見られているかといった情報をサーモグラフィーのようにして見られるものもある。あまり見られていない部分や、押されていないバナーを改善するのに活用できるんだ

・**A／Bテストツール**：バナーなどを作成していて、2つの案で迷うことってあるよね。そんなときに同じ時期・同じ場所でバナーを切り替えてどちらが効果を高いかをテストすることができるツールがA／Bテストツールだ。バナーの他にも、構成の違うページを切り替えて、どっちが購入率が高いかなどを同時期で見比べることができるから、自社サイトにはどういった内容のものが適しているのかを知ることができる上に、売れている商品ページはどういうところをよく見られているのか発見することで、他のページにも生かすことができるんだ

・**サイト内検索ツール**：自社サイト内に設置したサイト内検索を強化する機能で、Googleや楽天市場などのようにサジェスト候補やキーワードに合った商品を表示することができる。しかし、大手サイトや大手モールは検索機能向上に力を入れているから、それらのサイトと比べて大きく差があると自社サイトからユーザーが離れるリスクもある機能なんだ。スマホの場合は文字数も多く入力しないケースが多いので「関連ワード」や「画像付き」で表示される高機能ツールが主流となっていて、商品数が多い場合に有効なツールだ

◆ユーザーとの関係を強化するツール

・**メールマガジン**：購入してくれた商品によってメルマガの内容を変えたり、購入頻度の高さによって内容を変えたりするなど、人手で振り分けるのが大変な作業を設定して自動で配信することができる。商品を購入した後、決まった内容を複数回に分けてメルマガを送るなど、ユーザーとのコミュニケーション機会を増やしながらも、そこにかかる作業や手間を減らしてくれるんだ

　他には、在庫と受注の管理を行ってくれるようなツールもある。複数のモールと自社ECを運営していると、商品の在庫管理がとても難しくなってくる。このツールを使えば、自社で持っている基幹システムと連携することで在庫管理を一括管理できるようになるんだ。他にも各ECショップの受注情報を一括で管理できるから、受注処理や発送指示を行うために、複数の店舗にいちいちログインしなくても、一括で受注処理を行うことができる。基幹システムと連携して在庫も把握できるため、受注から出荷指示まで人の手を介さず24時間体制でスピーディーに自動処理が可能になるなど、受注処理を楽にしてくれる機能もあるんだ。
　これ以外にもたくさんのサービスが世の中に出ているから、自社ECに相性のいいサービスをうまく組み合わせて連携することで、高度なサービスを実現することも可能なんだよ。

こんなにあると、どれを使えばいいか迷ってしまいます

　そうだね。まずは、EC運営に活用できる数々のツールが登場していることを

知っておくくらいで十分だ。**実際に導入する場合の選ぶポイントとしては、有名なECサイトや売上を伸ばしているところを、自分が「客」として疑似的に買い物をしてみるつもりで確認すると「ここは買い物しやすいな」と感じるはずだ。**そして、そのようなツールを自社でも利用すればいい。一応、オススメのツールを表4-2にまとめてみたから、それぞれのサイトを見てみるといいだろう。

オススメツール	機能	URL
概要		
NaviPlusレコメンド	レコメンド パーソナライゼーション	http://www.naviplus.co.jp/recommend/
500社以上が導入している、「行動履歴」、「訪問者導線」、「アイテム属性」、「訪問者属性」などを分析し、それに準じたレコメンドコンテンツを提供可能な高性能レコメンドサービス		
ナビキャスト フォームアシスト	エントリーフォーム	https://www.showcase-tv.com/formassist/
各フォーム項目の入力時間や離脱ポイントまで計測し、スマホ画面サイズにも対応可能		
ECステーション	コンテンツ自動表示	http://www.intecrece.co.jp/ec/ureyuki/index.html
自社EC、楽天市場、Yahoo!ショッピングなど多数のサイトのカートにも対応しており、売れ行き、レビュー、セール情報などを表示してくれるツール		
User Insight	サイト分析	https://ui.userlocal.jp/functions/user_analytics/
ヒートマップに対応したアクセス解析ツール。年齢構成、男女比、アクセス頻度、インターネット利用率などまでを分析可能		
DLPO	A/Bテスト	https://www.data-artist.com/
データマネジメントプラットフォームと連携することで、ユーザーごとに最適なバナーなどを発見するツール。大手企業を中心に多くの企業が導入		
ポップリンク	サイト内検索	http://www.bsearchtech.com/products/poplink
検索キーワード入力時に候補語を表示して、画像と詳細ページへのリンクを表示するツール		
配配メール	メルマガ	https://www.hai2mail.jp/
メール作成業務を効率化する機能が揃っている。また、作成したメールを確実に届けるための受信ブロック回避機能も充実		
ネクストエンジン	在庫受注管理	http://next-engine.net/
自社EC、楽天市場、Amazon、Yahoo!ショッピングなど複数サイトの在庫管理が可能		

表4-2：オススメのツール一覧

ワンポイントアドバイス

ツールを導入することで、これまでわずらわしかった業務から解放されれば、真に必要な業務にめいっぱい当たることができる。取捨選択をしっかり行って、適材適所で駆使してみよう

自社ECのビジネスモデルを知りたい

自社ECの売上を伸ばすためには
どんな方法があるんでしょうか？

　自社ECで特に著しい成長を果たしているビジネスモデルとしては、「**実店舗とECとの相互誘導**」がある（図4-3）。これは、**実店舗でもECでも同様の買い物体験を実現して、その上でさらなる利便性を提供することで、顧客とより深い関係を築こう**というものなんだ。

　実店舗とECの融合では、実店舗の名簿をいかにECでも購入してくれる名簿にするかがポイントになってくる。しかし、すでに店舗で会員登録をしてくれている人にもう一度ECで会員登録をしてもらうのは二度手間でハードルが高い。そこで、**実店舗で会員登録してもらえればECでも買い物ができるように会員情報を統合したり、ECで会員登録した人が実店舗で共通のポイントがもらえるようにしたり、どちらで商品を購入しても同じように便利な買い物体験ができるように整備することが自社ECの売上が伸ばすコツ**なんだ。

　会員情報の統合だけでなく、チャネルも統合することで顧客の利便性を向上させる動きも活発になっている。例えば、自宅で商品を注文して、会社近くの提携店舗で商品を受け取ったり、お店で商品を注文して自宅に配送してもらったりするなど、どのチャネルで商品を購入しても、好きな場所で受け取れるという利便性を提供することで、様々なチャネルから名簿を集めることができるようになる。

　最近では、どこからでもECを利用できるため、どのように在庫を持って受発注の管理を行うか、売上成績をどの部署に配分するかなど、チャネル統合を実現するためのハードルは決して低くはないけど、消費者にとっては便利になればなるほど会員登録へのハードルを下げることにもつながるため、余裕のある大企業を中心に大きな成長を遂げているんだ。このように、様々なチャネルの垣根を飛び越えて顧客の利便性を向上させるEC戦略は、オムニチャネルと呼ぶことは覚

えているかな？

はい、あらゆる手段を駆使して
消費者と接点を持ち続ける戦略ですよね？

　このオムニチャネル以外にも、様々なビジネスモデルが結果を出して注目され
つつある。昔からある手法では「**サブスクリプションコマース**」と呼ばれる定期
購入に特化したものや、まず自分が求める条件をアンケートで答えたり、サイズ
などの情報を登録したりすることで自分専用のページが作られ、自分専用の商品
が購入できる「パーソナライゼーション」、家電などにセンサーが入りネットとつ
ながる「IoT」の活用など、自社ECサイトを中心としたモデルは急速に進化して
おり、目が離せないね。

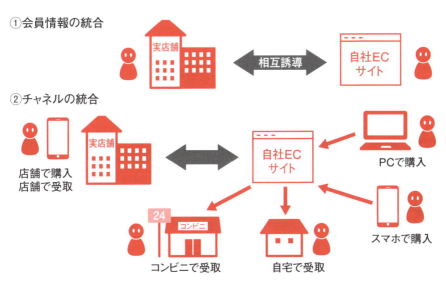

図4-3：実店舗とECとの相互誘導

ワンポイントアドバイス

自社ECでは、「実店舗だけ」、「ECだけ」ではなく、多角
的な事業展開が求められる。柔軟な思考を持って運営に
当たろう

Section 06 自社ECへ集客するための考え方

自社ECで集客するためには
どんな方法があるんでしょうか?

これまではPCユーザーが多かったため、Googleなどの検索エンジンで検索されたキーワードに連動した広告が表示されるリスティング広告や、検索エンジンに与える情報を最適化して検索結果に多く露出できるようにするSEOなどの検索エンジン対策、さらには成果報酬型のバナーをサイトやブログなどに貼ってもらうことで露出を増やすアフィリエイトなどが主流だった。

しかし、スマホが普及するにつれて、スマホに適した新たな集客手法も開発され、多様化してきている（図4-4）。例えば、**消費者にとって興味が高く、価値のあるコンテンツを制作して見込み客を集客・育成し、長期的な視野で商品購入につなげるコンテンツマーケティング**がその筆頭だ。目を引く広告や動画などで、多くのユーザーにリーチしてECサイトに誘導するSNS活用も注目を集めている。他にも、実店舗と連動するアプリの開発を行って双方向のコミュニケーションを実現させるなど、スマホの台頭とともに様々な集客手法が生まれているんだ。

でも、そんなに多くの方法を全て実施するのは
コスト的に厳しそうです

もちろん、集客のための予算は限られているだろうし、全てを実行するのは難しいだろう。そこで、「どのようなターゲットに来てほしいのか」や、「ターゲットのニーズ」などを構造的に理解して数年先も見据えて戦略的に集客方法を選択する必要があるんだ。

ほとんどの消費者は、最初から自社ECのことを知っているわけではない。こうした状況で多くの人の中からニーズを掘り起こす必要があるから、**まずはソー**

シャルやアフィリエイトなどを利用して、広く認知度を上げるような活動が有効となるだろう。次に、店舗名やサービス名などを知っている人や、サービスや商品を購入したいと考えている、いわゆる「見込み客」に対してはSEO対策やリスティング広告などを使って、サイトに迷うことなく誘導することが重要になる。そして、すでに購入経験のある人やリピーターに対して、さらに買い物をしてほしいと考えるのであれば、名簿からメルマガやDMなど直接アクションを起こして再購入を促すことが売上アップにつながっていく。

このように、ターゲットの属性やニーズを理解して、スマホの普及によって分散化する情報接触ポイントを想定して戦略的に集客方法を選択することが、自社ECの集客では重要となる。また、スマホ化が進むにつれて文字をたくさん打つことが減っていることからも「知っているブランド」や「知っている企業名」として「指名検索」される数がそのサイトの価値となる傾向が強まっていくはずなので、覚えやすいブランド名や同梱物も含めて「指名検索ワード」を何度も刷り込むことを戦略的に行う必要があることも覚えておこう。

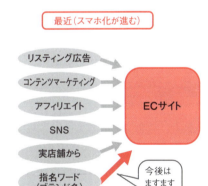
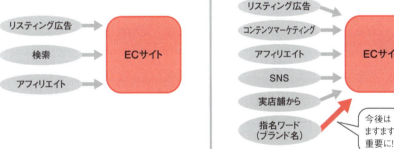

図4-4：自社ECの集客方法の変化

ワンポイントアドバイス

スマホ化の進行で、集客方法は多様化している。やみくもに手数を広げるのではなく、しっかりとターゲットを絞って最適な手法を選択しよう

自社ECの一大モデル「リピート通販」の考え方

ECの販売モデルのひとつに、特定の商品を定期的に顧客に届ける**「リピート通販」**と呼ばれるものがある。化粧品や健康食品、食品などのジャンルで利用されることが多いもので、年間売上が10億円を超える企業も多く、紙広告も含めてネット広告にも新規獲得を行う広告に積極投資する企業が多いのが特徴だ。

リピート通販の売り方には、どんな方法があるんですか?

売り方は、大きく分けて2種類ある（図4-5）。ひとつ目は、**新規顧客を獲得す**るためのサンプルセットや初回無料のお試し商品などを販売し、その顧客をレギュラー製品の定期購入へと引き上げる**「ツーステップマーケティング」**と呼ばれる手法だ。

ツーステップマーケティングのメリットは、何よりも**新規顧客を獲得しやすい**こと。一方のデメリットは、**サンプルから定期購入に引き上げる手間がかかること**や、**引き上げに失敗するとサンプルの投資費用を回収できなくなること**が挙げられる。だから、引き上げ率を高めるための**「マーケティングシナリオ（獲得モデル）」**をきちんと実行することが必須となる。具体的には、メルマガやDMなどの基本的なものから、顧客に直接電話するアウトバウンドの電話、LINEのプッシュ通知などがある。サンプルを使い切るタイミングでこうした定期購入キャンペーンのメルマガを配信するなどの施策を行えば、引き上げ率が格段に上がるだろう。

リピート通販の売り方の2つ目は、**初回からレギュラー製品を販売する「ワンステップマーケティング」**と呼ばれる方法だ。初回から定期購入の加入を促す場合は、初回のみ割引料金を適用したり、実質無料で販売したりすることもある。ワンステップマーケティングのメリットは、**サンプルからレギュラー製品に引き上げるための労力**がかからないことだ。デメリットは、**新規顧客の獲得件数がツー**

ステップマーケティングに比べて減ってしまうこと。

他に知っておくべきことは
ありますか？

　ここまでを理解したら、リピート通販の広告戦略を考える上で欠かせない指標についても説明しておこう。覚えておいてほしい指標は2つある。ひとりの顧客を獲得するために必要な費用を表す「**CPA（＝Cost Per Action、顧客獲得費用）**」と、ひとりの顧客がそのショップや商品に対して生涯でいくらの金額を使うかを表す「**LTV（＝Life Time Value、顧客生涯価値）**」だ。

　例えば、CPAが1万円で、販売価格が5000円の商品を1個売っただけでは広告投資は赤字になる。しかし、売上総利益率が50％の商品で、平均LTVが5万円であれば、利益額が2万5千円となり、CPAが1万円でも収支は合う。このように、リピート通販の広告戦略を考える場合には、CPAとLTVを踏まえて投資額を考える必要があることを、理解しておこう。

ツーステップ（お試しから本品へ）

お試し品 → 引き上げ → 本品購入 → リピート購入 → リピート購入 → リピート購入

ワンステップ（いきなり定期購入）

本品購入 ＋ 定期申し込み（特典つき） / 定期購入

図4-5：2種類のリピート通販

ワンポイントアドバイス

リピート通販の手法で顧客をガッチリつかむことができれば、怖いものはない。広告の活用方法と合わせて、しっかり勉強しておこう

08 高単価商品を 売るためのポイント

今回は、自社ECの強みのひとつでもある「高単価商品を売る方法」について説明しよう。**自社ECでは、販売価格目安が10万円以上の高級家具や仏壇、結婚指輪なども工夫次第でたくさん売ることができる**んだ。

えっ！ どうすれば売れるんですか!?

まずは**サイトや会社に対する信頼感や、商品に対する安心感を高めることが欠かせない**。商品が高額の場合、ほとんどの人が「信頼できるところで買いたい」と考えるのは当然だよね。

信頼感を高めるには、サイトの目立つ位置に社員の写真を掲載したり、購入してくれた人の感想やレビューを載せたりするのが効果的だ。また、購入前に疑問や不安を抱いたユーザーがショップに問い合わせしやすいように電話番号を目立つ位置に掲載することも大切で、これは可能ならフリーダイヤルを用意しよう。場合によっては携帯電話の番号も同時に掲載して「どんな状況でも電話で対応する姿勢」を訴求することも重要となる。

まずは安心してもらうことが必要なんですね

そして、高額商品を売るために大切なポイントがもうひとつある。それは、**いきなり購入を狙うのではなく、カタログやサンプルなどを請求してもらい、アナログ的に実感してもらいながら検討してもらうこと**だ（図4-6）。

高額な商品を買って失敗したくないと考える消費者にとって、オンラインだけで注文が完結してしまうのは不安が残る。そこで、あえて家庭でじっくり検討してもらった方が購入率は高まりやすい。だから、資料請求やサンプル依頼を増や

すための施策を打つことも戦略のひとつだよ。中でも、商品を比較検討できるカタログや、商品を体験できるサンプルの提供は購入の決め手になりやすいんだ。高級バッグなら素材として使用している革のサンプル、結婚指輪ならレプリカの指輪、羽毛布団なら中綿などがサンプルとしてよく使われているよ。

　ちなみに、資料やサンプルを提供する場合には顧客名簿が必要になる。だから、**名簿をとりにくいECモールでは高額な商品を販売する**ことがなかなか難しいんだ。

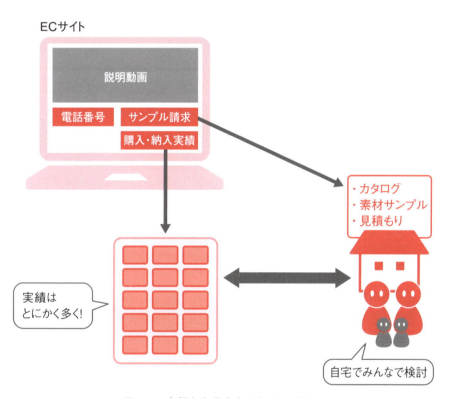

図4-6：高額な商品を売るためのポイント

ワンポイントアドバイス

自社ECの大きなメリットである、高単価商品の販売。今回紹介したことを身につけて、これをしっかり実現できれば、かなり利益率が向上するはずだよ

BtoBのECサイトって何?

BtoB の EC サイトというものがあるんですか?

　BtoB の EC サイトとは、法人を対象に商品を売る形態のことで、年商3000億円のアスクル、同じく年商700億円以上のモノタロウなど、ありとあらゆるものが揃う巨大ECサイトが有名だね。

　これら BtoB の EC サイトは、商品数の多さもさることながら、物流体制やスマホ対応といった利便性にも学ぶべきことがたくさんある。特に、圧倒的な品揃えにあって、購入者が目当ての商品をすぐに見つけることができる商品のカテゴライズと高機能な検索機能は、たくさん買い物をしてもらう上でとても重要なんだ。

　一方、巨大サイトの他にも BtoB の EC サイトはある。具体的には、オーダーメイドでリフォームなどを行ったり、備品などを定期的に納品したりする形態の EC だ（図4-7）。

　これまでは、専用工具が壊れてしまったときや、自社のビジネスに合わせてニッチなアイテムが必要になったときなどは、お付き合いのあるメーカーの営業を直接呼んだり、メーカー側が御用聞きに伺ったりして注文を受けていた。だけど、インターネットの普及により、EC サイト上でそれぞれの相手企業に合わせた商品・価格を表示することができる上に、複雑なオーダーメイドの見積もりも自動で行うことができるようになったことで状況が激変した。

　このようなことを背景にして、**BtoB の EC 市場は前年比20%を超えるような爆発的な成長を毎年続けて**いて、Amazon が日本市場で本格参入するなど、とても期待されている市場なんだよ。

ECと言うと、商品を個人の消費者に売るものしかイメージにありませんでしたが、法人向けも大きな市場ですね

　BtoBのECで最も気をつけるべき点は、何と言っても「**決済**」だ。BtoBのECは、当然ながら企業間の取引になるため、複数の商品を何日かに分けて購入した場合でも、まとめて月末締め翌月末払いに対応できるようにしたり、企業ごとに取引条件を変更したりして決済方法を用意しておくことが必要になる。

　最近ではコンビニでの後払いもBtoB取引に活用できるほか、安価で利用できるBtoB取引に適したカートシステムも充実していて、比較的参入しやすい環境が整いだしている。これまでは、決済における相手企業の与信管理や法人チェックなどが参入障壁になっていたような企業でも気軽に始めることができるようになっているんだよ。

	代表的なサイト	ポイント
品揃え豊富型	アスクル（文具・備品）	・品揃えが豊富 ・高機能なサイト内検索 ・物流体制の充実
	モノタロウ（工具・作業用品）	
	Amazon Business	

	代表的なジャンル	ポイント
個別対応型	オーダーメイド（工務店など）	・自動見積もりの充実 ・企業別条件の設定
	業務備品の補充 （機械の備品やOA機器など）	

図4-7：BtoBのECサイトの2分類と特徴

ワンポイントアドバイス

一般にECサイトといえば「BtoC」が連想されがちだが、このように、「BtoB」のECサイトも最近は成功を収めている。もしBtoCのECを行う際にも、決済方法などについては参考にしてみるといいだろう

10 自社ECにおける分析の方法

今回は、自社ECの現状把握に役立つ代表的な分析ツールと、そのツールを使ってチェックすべき指標について解説するね。サイトのアクセス数や購入率などを調べる際には、分析ツールを使うことが多い。

どんな分析ツールがあるんですか？

分析に使われているツールの中でも代表的なものは、Google が提供している「**Google アナリティクス**」だろう（図4-8）。

Google アナリティクスでチェックすべき指標は、現状分析の基本である「**セッション数（アクセス数）**」、「**コンバージョン率**」、「**客単価**」の3つだ。ちなみに、52ページでも紹介したけど、コンバージョン率とは購入率のことを指すよ。これらの数字の増減を毎日チェックすることで、そのECサイトの状態の変化をタイムリーに把握できる。

例えば、サイトのセッション数を毎日チェックしていて、数値が数日で急激に減っているのであれば、集客経路のどこかに問題が発生している可能性が高い。サイトへの流入経路は検索エンジン、アフィリエイトサイト、SNS、メルマガなど数多くあるから、それぞれの流入経路のセッション数を調べて原因を探っていくといいだろう。

コンバージョン率をチェックする場合にも、もし急激な数値の低下が見られるようであれば、商品ページごとの数字を見て、原因を探っていく。

Google アナリティクスを使うと、難しいことをしなくても サイトの状態の変化をすばやく察知できるんですね

そうだね。**Google** アナリティクスは、基本的に「どこに問題があるのか」を

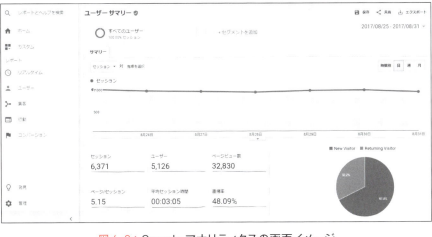

図4-8：Googleアナリティクスの画面イメージ

大づかみにチェックして、**把握するためのツール**だと考えるといいだろう。例えば、検索エンジンからのセッション数が下がっているのをGoogleアナリティクスで把握して、次に「どの検索キーワードのセッション数が減っているのか」をさらに専門的なツールを使って調査し、検索エンジンのアルゴリズムが変わったからなのか、あるいは別の理由なのか、その原因を突き止めて適切な施策を打つ、というイメージだ。

専門的な分析ツールには、どんなものがあるんですか？

いろいろあるけど、Googleアナリティクスでチェックした後に使うツールとしては、ページ上でのユーザーの動きを可視化する「**ヒートマップツール**」がオススメだよ（図4-9）。

ヒートマップツールでは、マウスや画面上の動きを分析することで、ページのよくクリックされている場所や、たくさん閲覧されている場所を特定できるので、デザインなどの改善につなげることができる。

例えば、ヒートマップツールを使ってページが途中までしか読まれていないことを発見できれば、最後まで読んでもらうためにコンテンツを工夫するなど、改善策を講じることができる。また、アピールしたいコンテンツがあった場合、そ

れが実際にどれくらい閲覧されているのかを検証することにも役立つ。**よく見られているコンテンツはユーザーのニーズが高い情報だから、そのコンテンツを強化して滞在率や回遊率を高めることもできる**だろう。

　注意点としては、PC サイトとスマホサイトではユーザーの動線が異なるから、**ヒートマップ分析を行う際はそれぞれのサイトで実施する**ように。

サイト上の「動き」を理解し
EC サイトの改善につなげていくんですね

　購買行動を分析することも重要だ。ユーザーは「新規」なのか「リピーター」なのかによって、分析結果の解釈の仕方が全く変わってくる。そして、もしリピーターの分析を行うのであれば「**購入頻度**」や「**最終購買日**」、「**累計購入金額**」などを分析できるツールも増えてきており、利用したいところだ。

　購買行動を分析することで「何回目の購入後にリピーターが離脱しやすいか」といった情報をあぶり出すことも可能なんだ。例えば、初回の購入後、2回目も購入してくれたが、その後に離脱してしまう人が多いことがわかれば、2回目に

クリックや視線が集まるところが濃い色になり
優先的に改善するポイントになる

図 4-9：ヒートマップ分析のイメージ

購入した人にピンポイントでキャンペーンを打って離脱を防止するようなプロモーションが効果的だとわかるだろう。

　最後になるが、**分析ツールはあくまで業務を改善するための道具であり、数字を分析することは課題を発見する手段にすぎない。**だから、基準となる目標数値を決めて、目標より売上が悪いときは分析結果を生かして改善策を打つべきだし、売上が好調なときは、数字を分析して好調の要因を突き止め、さらに売上を伸ばす施策を考えることに役立ててほしい。常に現状に満足せず、継続的に分析→改善のサイクルを根気強く続けることができれば、必ず結果が出てくるはずだよ（図4-10）。

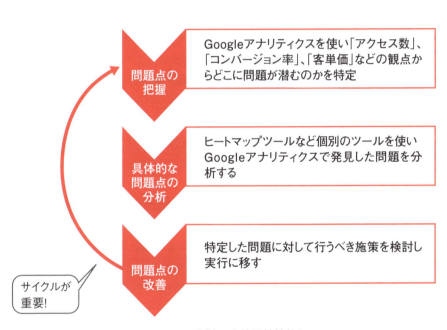

図4-10：分析→改善は継続的に

ワンポイントアドバイス

分析すべき数値は、挙げてみるとキリがないが、とりあえずはGoogleアナリティクスで大まかな分析を行い、「どこを分析をすればよいのか」をしっかり認識する必要性を覚えておこう

コラム 知っておくべき商品ジャンル別の売り方 【家具】編

・収納家具

【傾向】

　収納家具は、「部屋の模様替え」や「引っ越し時」などを想定した、テーマ別の提案が好まれる傾向にあります。例えば、人気のあるテーマとしては、「西海岸風」や「アジアンテイスト」、「和モダン」、「北欧」などがあります。

【売り方】

　人気のテーマに即した提案を行うことで、関連商品の「ついで買い」を誘発するのが基本的な戦略です。また、実際に購入した人が部屋で使っているイメージ写真などを商品ページに掲載することで、これから購入しようと思っている人に対して具体的なイメージを持たせることができますし、写真を送ってくれた購入者との関係性構築にも役立ち、一石二鳥です。

　もし、木工製品などを扱う場合には、素材や使用している接着剤などが安全であることや、家具としての丈夫さをしっかり訴求することも重要です。

・オフィス家具

【傾向】

　企業が物品を購入する際は、年度末、決算期などの決まった時期にまとめて買うケースが目立ちます。

【売り方】

　個人ではなく企業がメイン顧客となるため、見積もり対応や大量注文などは電話でもしっかり対応できるような体制を強化するのが基本です。また、上記の傾向から、年度末などの時期に狙いを絞り、防災用品などのまとめ買いを訴求したり、決済も決算に間に合うよう柔軟な対応ができるようにするとよいでしょう。さらに、見積もりに関しては、Web上で簡易的な見積もりをできるようにしておくと、認知度を向上させることができます。

ECモールの基本

Chapter

5

各モールの特徴を知ろう

　日本国内のEC市場では、モールの存在感が年々高まっていて、売上を伸ばしていく上で欠かせない販売チャネルになっている。今回は国内の主要なECモールの市場シェアや特徴を解説するから、しっかり頭に入れておいてほしい（表5-1）。

ECモールの市場規模は、どのぐらいあるんですか？

　国内ECモールの市場規模は2017年時点で推定約6兆円とされている。これは国内EC市場の5割程度に匹敵する規模で、全体の半分程度がモール経由の売上だと言える。

　各モールの流通額にも触れておこう。三大モールと呼ばれるうち、**楽天市場とAmazon（マーケットプレイス含む）はそれぞれ約2兆5000億円から3兆円の規模。**もうひとつの**Yahoo!ショッピングは 約5000億円くらい**だ。その他の大手モールとしては、「**ZOZOTOWN**」が約2000億円、1000億円以下では**KDDI**グループが運営する「**Wowma!**」、リクルートグループの「ポンパレモール」、スマホに強く海外販売も可能な「Qoo10」、CROOZが運営するファストファッション中心に成長している「SHOPLIST.com」などもある。

各モールには、どんな特徴があるんですか？

　まずは国内最大手の楽天市場から簡単に紹介しよう。楽天市場は、出店者数が4万店舗を超えていて、1店舗あたりの平均月商は約500万円だ。最大手ながら安定的に成長を続けていて、事業の柱に据えているEC事業者も多い。数多くの企業が出店していることから、店舗によってノウハウの差もあり、「**競合対策**」が重

要なテーマになってきている。

　次点につける**Amazonの強みは、何といっても強靭な物流体制**。「FBA（フルフィルメント by Amazon）」と呼ばれる独自の物流サービスを出品者に提供し、高品質な配送サービスをサポートしている。ECだけでなく、音楽や映像など幅広いサービスが利用できる「**プライム会員**」を中心に流通額は年率約20%くらいの規模で伸びていて、その高い成長率に注目が集まっている。Amazon内で広告を利用することで売上が伸ばせる幅も増え、今後は出店企業の売上の格差が増えてくると予想できる。

　三大モールの最後、**Yahoo!ショッピングの特徴は出店料や販売手数料が無料であること**だろう。初期投資やランニングコストが安いため、出店のハードルは低い。その一方で、50万店舗以上がひしめき合っているため、競争が非常に激しい。最近ではTポイントとの連携や、SoftBankの携帯キャリアと連携して集客に力を入れているのも特徴だと言えるだろう。

　近年では、各モールがユーザーの囲い込みに力を入れていて、それぞれが独自の経済圏の形成を目指しているため、モールごとの客層が固定化されつつある。こうした中でそれぞれの客層にアプローチするには、複数のモールに出店する必要がある。そのため、近年は複数のECモールに出店する「多店舗展開」がEC業界のトレンドのひとつになっているんだよ。

モール	特徴	売上を伸ばすポイント
楽天市場	・国内最大手 ・1店舗当たりの平均月商は約500万円	競合店の調査／対策
Amazon	・物流体制が充実 ・高い成長率	広告の活用
Yahoo!ショッピング	・参入障壁が低い ・外部との連携が充実	ポイントイベントなどの活用

表5-1：三大モールの特徴とポイント

ワンポイントアドバイス

三大モールを中心に、ECモールは勢力を拡大している。それぞれのモールの特徴を理解して、多角的な展開を目指そう

Section 02 主要モールへの出店に かかる費用を知ろう

モールでショップを運営するには
どれくらいのお金が必要なんですか？

その質問に答えるために、まずは自社ECとモールの違いをおさらいしておこう。自社ECでは、開発と集客のどちらも自分たちでお金をかけて用意する必要があるけど、モールの場合は、莫大な費用を投じて開発されたシステムを使うことができ、集客のための販促を行っていて集客のハードルも低く、初心者でも簡単に始められるのが大きなメリットだったね。もちろんそのために、システム利用料や売上に対するロイヤリティーなどをモールに支払うことになるんだけど、その金額体系はモールによって様々なんだ。楽天市場、Amazon、Yahoo! ショッピングに出店するための費用を教えておこう（表5-2）。

まずわかりやすいのがYahoo! ショッピング。Yahoo! ショッピングは、2014年に「eコマース革命」と銘打って注目を浴びた月額費などの基本料金無料を大きな売りにしている。出店のハードルが低いこともあって店舗数は増大し、現在の出店数約50万店という数字は、約4万店が出店する楽天市場のおおよそ10倍にもなり、モール内の競争が年々激化しているんだ。そのため、ただ出店しただけでは露出が足りずに商品を売ることができなくて、最近は広告を打つなどして運営費用をかけるのが主流になりつつある。

楽天市場では、2017年10月現在、初期費用が6万円、月額利用料金が最低では1万9500円に設定されていて、その上で売上に対するロイヤリティーを支払う必要がある。商品の出品数によって料金プランが異なるため、出品数と売上目標によって最適なプランを選択できるようにサイト上でシミュレーターを使って選択することができるようになっているから、活用しよう。Yahoo! ショッピングに比べると、売上が立たなければコストがかかるんだけど、それだけに各ショップの本気度が高く、集客にとても強いモールだから、しっかり施策を策定すれば、そ

の分売上も伸びやすいと言える。

　最後に、Amazonの出品型（マーケットプレイス）では、一度の決済ごとに販売手数料が7〜15％程度かかってくる。出品には2つのモデルがあり、Amazonに商品を預けて出荷作業までをワンストップでお願いできるFBAと、商品を出品して自分たちで出荷するモデルがある。前者のFBAは、出荷や梱包・発送作業まで全てAmazonが行ってくれるため業務効率は高い分、手数料が商品の体積に応じてプラスされ、大きな商品の場合には最大で20％もの手数料が必要となることに注意しよう。一見高いように見えるが月額基本利用料は4900円と安く、なおかつモール自体に強力な集客力があるので、その分のコストだと思うと決して高いとは言えないね。

　なお、**ここまで紹介したのは基本的な初期費用の話で、導入する決済方法などによってもコストは変動する**。それに、実際には各モールの店舗数も多く、出店しただけではなかなか商品は売れない。多くの利用者はモール内の検索を利用するんだけど、販売実績がないと上位表示されることが難しいため、出店当初は、検索連動型広告に売上目標の10％分ほど出資して、まずは認知度を高めることが必要だと言えるだろう。

費用項目	Yahoo!ショッピング	楽天市場	Amazon
初期登録費用	無料	6万円	無料
システム利用料（月額）	無料	1万9500円〜	4900円
ロイヤリティー	無料	パソコン経由の月間売上高の3.5〜6.5％＋モバイル経由の月間売上高の4〜7％	1回の決済ごとに、決済総額の7〜20％（割合は商品のジャンルにより変動）※1

注1：価格は全て税抜
注2：データは全て2017年10月現在のもの
※1：本やビデオ・DVDなどのメディア商品の場合には、これに加えて30円〜140円のカテゴリー成約料が加算される

表5-2：三大モールの初期費用の目安

ワンポイントアドバイス

コストだけに着目すれば、一番低いのはYahoo!ショッピング。しかしその分競合も多いということだから、安直に「安いから」という理由だけでモールを選ぶのではなく、総合的に判断するようにしよう

楽天市場の成長過程と今後の見通し

今回は、国内EC市場に大きな存在感を発揮し続ける楽天市場の歴史や最近の動向、そして今後の見通しを説明したいと思う。まずは、これまでの主なトピックスや、楽天市場が現在重視していることを解説しよう（図5-1）。

そもそも楽天市場って、いつできたんですか？

楽天市場がオープンしたのは1997年。オープンしたときの出店者はわずか13店舗だったと言われている。その後、EC市場の拡大に伴って店舗数と流通額が急速に伸びていったんだ。そして2001年、流通総額が360億円のときに「グループ流通総額1兆円構想」を掲げた。

翌年の2002年は、楽天市場の大きな転換点となった。今ではたくさんの実店舗でも導入されている「楽天スーパーポイント」のサービスを開始したほか、出店料のメニューに従量課金制を導入した。ちなみに、この年には出店者が6000店舗を超えている。そして、2005年にはクレジットカード「楽天カード」の発行を開始し、EC事業と決済サービスのシナジー創出にもいちはやく乗り出した。

この2000年代は、多くの企業が楽天市場に出店することでEC事業に参入してきた。特に地方の中小企業が楽天市場を活用して、飛躍的にEC事業を成長させるケースも珍しくなかったんだ。

日本におけるEC事業のパイオニアだったんですね

ちなみに、楽天市場の年間流通額が初めて1兆円を突破したのは2011年のこと。グループ流通総額1兆円構想を掲げてから10年で達成したことになるね。このときの出店数は、3万8000店舗まで増えていた。

そして近年では、フリマアプリや金融サービス、モバイル、通信など、楽天市場を軸に据えながら国内外で、幅広いサービスを展開している。2016年の流通総額は約2兆5000億〜3兆円程度と見られているよ。

最近の楽天市場の動向も説明しよう。近年はスマホへの最適化を進めているほか、楽天ポイントや楽天カードと連携して、自称「**楽天エコシステム（経済圏）**」を拡大している。決済の利便性にも注力していて、2016年には楽天市場以外のECサイトや、実店舗でも使える新たな決済方法として「**楽天ペイ**」も導入した。

そして、数年後には年間流通金額を5兆円にするという目標も掲げている。より健全に、安全に買い物ができるモールを目指している楽天市場は、これからも国内ECモールに出店を考えるEC事業者にとって、事業の中心に存在し続けることは間違いないだろうね。

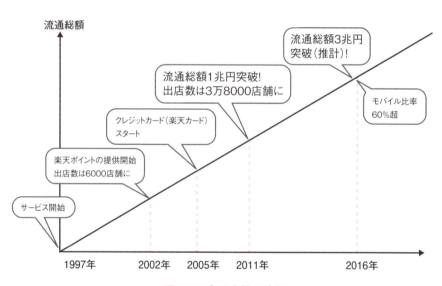

図5-1：楽天市場の変遷

ワンポイントアドバイス

楽天市場は、日本のEC市場の拡大とともに発展してきた。楽天市場を見ることで、日本のEC市場の変遷もわかって面白いね

Section 04

楽天市場が
成長を続ける理由

今回は、前回に引き続いて楽天市場についてだ。前回では、主にこれまでの歴史を振り返ったが、今回は特徴を解説していく。

楽天市場には、どんな特徴があるんですか？

まず、楽天市場単体での流通総額は約2兆5000億円を突破し、3兆円に近付いている。国内EC市場におけるシェアは約25%と推計されていて、**ECモールとしては日本最大**だ。出店数も4万店舗以上と数多く、現在でも新規出店する企業は相変わらず多いし、既存の出店者では月商1億円を超えるショップの数も続々と増えている。

楽天市場で人気の商品ジャンルについても見てみよう。表5-3は、楽天市場における商品ジャンル別の市場規模の推計値だ。あくまで金額は目安として、「市場の規模感」に注目して見てほしい。

楽天市場は、AmazonやYahoo!ショッピングと比較して**生活雑貨や食品、アパ**

	ジャンル	年間売上規模 （単位：億円）
1	インテリア・寝具・収納	4000
2	バッグ・小物・ブランド雑貨	2000
3	レディースファッション	2000
4	家電	2000
5	スポーツ・アウトドア	1800
6	美容・コスメ・香水	1200
7	キッズ・ベビー・マタニティ	1000
8	食品	1000

※楽天市場でのレビューなどから筆者が独自に推計、作成したもの

表5-3：楽天市場で人気の商品ジャンル

レルなどのジャンルが特に強い。これらの商品ジャンルの国内EC市場において、楽天市場のシェアは30%を超えているし、「母の日」、「お中元」、「バレンタイン」などギフト関連の売上が大きいことも特徴だろう。

また、近年の楽天市場では、売上を伸ばすためのモール内広告の充実や広告の費用対効果を検証するための**データ分析ツールの提供にも積極的**だ。これらの分析ツールも活用すると、広告の費用対効果が上がってくるはずだ。

他には、スマホ対応に熱心なのも成長を続けている一因だね。楽天市場内の流通額に占めるモバイル端末経由の比率は60%を超えているとされ、そのトレンドをつかんだ改善は、出店している店舗の信頼をつかむという意味でも、見習うべき姿勢だと言える。

また、楽天自体が**Googleの検索最適化や様々な販促を大量に投下して新規顧客の獲得やポイントを中心に顧客の囲い込みもしてくれる**点も、中小企業にとっては積極活用する理由となっている。**これからEC事業を始めたい！と思う際には真っ先に出店を考えるべきモールだと言える**だろう（図5-2）。

分析機能の充実

スマホ対応に積極的

ユーザーの
囲い込みが得意

これから始める場合に最適！

図5-2：楽天の3つの特徴

ワンポイントアドバイス

日本国内で一番勢いがあるモールだからこそ、楽天市場はトレンドなどにも適応した改善を行ってくれる。「これからモールに展開したい」と思う場合には、まずお試しとして出店してもいいだろう

Amazonの成長過程と今後の見通し

今回は、Amazonの成長過程や最近のトレンドをチェックしていこう。

Amazon全体の売上は、どのぐらいあるんですか？

　Amazonの年間流通額は、直販とモールの合計で推定2兆5000億円を突破したと言われている。公開はされていないが、内訳としては全体に対しての直販事業とマーケットプレイスの流通額の割合は、およそ6:4から半々くらいというのがおおかたの予想だ。

　日本でAmazonがオープンしたのは2000年の11月。今でこそありとあらゆる商品を取り扱っているけれども、オープン当初は書籍のオンラインショップだったことを覚えている人も少なくないだろう。その後の数年で音楽やゲーム、日用品など商品ジャンルを拡充していった。また、品揃えの拡充と並行して、物流センターを全国各地に作り、強固な配送体制を作った。物流が重要性を増している昨今の情勢を考えると、なかなか先見の明があると言えるね。直販だけでなく、出店型モール（Amazonマーケットプレイス）をオープンしたのが2002年。今では多くの人が中古品の販売などに活用している。

　そして、物流業務全般を代行するFBAは2008年に開始した。**Amazonの配送サービスは、日本のEC業界をリードしてきた存在とも考えられ、この迅速な配送スピードに慣れた消費者は、他のEC事業者にも即日／翌日配送などを求める傾向がとても強い。**また、2010年に直販事業の配送料金を無料にしたことも、業界に大きな影響を与えた。**無料にしたことで、即日／翌日配送が求められるだけでなく、「送料無料が当たり前」という認識を持つ消費者が増え、EC業界に送料無料化の波までもが一気に押し寄せたんだ。**

最近は、音楽配信や映画見放題など
EC以外のサービスも増やしていますよね

そうだね。様々なサービスをプライム会員向けに提供することで、**顧客の囲い込みを強めているのが、近年のAmazonの特徴のひとつである**と言える。また、楽天と同様に**スマホでの購入のしやすさにも注力しており、20代を中心に新規顧客が増えている**一因になっている。

最近では生鮮食品を扱う「**Amazon**フレッシュ」や、ミネラルウォーターなどの商品専用ボタンを押すだけで注文できる「**Amazon Dash**」など、新しいサービスも次々と始めているのも成長の秘訣だろう（図5-3）。

今後の見通しだが、Amazonは価格の安さとスピード配送を武器に売上を伸ばし続けており、米国のEC市場シェアの40％程度を占めるとも言われていて、日本でもAmazonの影響力は、ますます強まっていく可能性が高い。

国内のEC事業者は今後、Amazonのサービスに正面から対抗していくのか、それともAmazonを活用して共存共栄の関係を目指すのか、2つの選択に分かれるんじゃないかな。

図5-3：サービスのアップデートを続けるAmazon

ワンポイントアドバイス

書籍の販売からスタートしたAmazonだが、様々なアップデートを続けてECの覇権をとりつつある。若い利用者も多いから、積極的に出店してみよう

Amazonで売上を伸ばすためのポイント

今回は、Amazonが提供していて、国内における大手ECモールの一角であるAmazonマーケットプレイスの特徴と、売上を伸ばすポイントについて説明しよう。

楽天市場やYahoo!ショッピングとの違いはどこですか?

Amazonマーケットプレイスの大きな特徴は、**商品ページが「商品中心」に作られていること**だ。具体的には、商品写真がドーンと表示されていて、店舗名は詳細欄に小さく表示されるだけ。これは、店舗ごとに商品ページが明確に分かれている楽天市場やYahoo!ショッピングなどとの大きな違いだね（図5-4）。

さらに、その**商品を扱っている複数の店舗が同じページに表示される**ようになっている。だから、店舗ごとに売り場を作り込んだり、独自の見せ方をすることが他のECモールと比べて難しい。販売元の店舗名もそれほど目立たないので**「どこのショップで購入したか?」という意識がユーザーに芽生えづらい**んだ。

確かに、Amazonで買い物をするときは「どの店舗で買ったのか」ということを、それほど強く意識しません

Amazonマーケットプレイスで売上を伸ばすためのポイントは「モール内の検索エンジン対策」にある。日本のAmazonの売上の約7割はモール内検索エンジン経由だと言われていて、他モールよりも頭抜けて「スマホに強い」と言われているのも特徴であることから、とにもかくにも露出を増やさないことには売上を伸ばすことは困難だろう。スマホのユーザーは、「あの商品を買おう!」と決め打ちしてからサイトを訪問するよりも、サイトを回遊しながら買う商品の品定めする傾向が強いからね。

では、Amazonの検索エンジンで上位表示するには、どうすればよいのだろうか。いくつかの条件があるけれど、**現時点で最も重要な要素は「商品の売上高の実績」**だ。

つまり、売れている商品は検索結果で露出しやすくなる、ということ。そして、露出が増えるからさらに売れる、という好循環が生まれる。

始めたばかりで売上実績がない場合でも
好循環に入るにはどうすればいいですか？

販売実績が少ない商品や新商品は、まずは広告を活用してみよう。とにかく露出を増やし、アクセス数と売上の実績をつけて、自然検索の表示順位を上げていくことが王道になる。代表的な広告としては、検索キーワードに連動して表示されるクリック課金型の「**Amazonスポンサープロダクト**」がある。比較的短期的に売上を伸ばせる、即効性が高い広告だから、出店当初に使ってみるといいだろう。

また、検索結果の上部などにバナーが表示される「ディスプレイ広告」は、中長期的なブランディングに向いている。その他にも様々な広告メニューがあるから、目的に合わせて使い分けることが大切だよ。

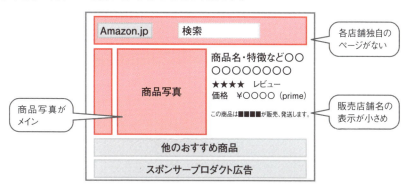

図5-4：Amazonの商品ページの特徴

ワンポイントアドバイス

Amazonは、ショップによる優位性が立ちにくいからこそ、新規参入でも戦いやすい。広告などを活用し、うまくユーザーにアプローチできるようにしよう

Section 07 Yahoo!ショッピングの成長過程と今後の見通し

今回は三大モールの3つ目、Yahoo!ショッピングがどのようにEC事業を拡大してきたか、主なトピックスや出店数の推移などについてを時系列で解説しよう（図5-5）。

Yahoo!ショッピングはいつ始まったんですか？

ヤフーがYahoo!ショッピングを開設したのは1999年のこと。ほぼ同時期に開設した楽天市場などとともに、日本のEC事業の黎明期からECモール業界をけん引してきた存在だ。だが、開設当初は爆発的な成長をしていたわけではなく、開設から3年後の2002年時点では、ショッピング事業の出店数は185店舗、ひと月のモール内流通額はわずか約1600万円だったんだ。しかしながら、その後急成長を遂げ、5年後の2007年4月には出店数が約1万5000店舗まで増えている。

Yahoo!ショッピングにとってターニングポイントとなったのは、2013年10月に実施したビジネスモデルの大転換だろう。「eコマース革命」と銘打って、それまで有料だった出店料や販売手数料などを無料にした。さらに、Yahoo!ショッピングから出店している企業の自社サイトに送客することを解禁するなど、画期的な施策を次々と打ち出したんだ。**2013年9月時点の出店数は約2万店だったんだけど、eコマース革命によって出店数は激増し、現在の出店数は50万店舗を超えているとも言われている。**モール内で流通している額に対して店舗数が非常に多いので、Amazonと同様にモール内の検索結果を有利にするための広告の活用が必須な状況になっているよ。

eコマース革命をきっかけに、店舗数と流通額が一気に増えたんですね。Yahoo!ショッピングはどんな特徴があるんですか？

他にはないYahoo!ショッピングの特徴としては、**ポータルサイトのYahoo!JAPAN**
から集客できる点が挙げられる。Yahoo!JAPANの会員である「Yahoo!JAPAN ID」
の月間アクティブユーザーが数千万人単位で存在するため、その膨大な顧客基盤
をECに生かしているんだ。最近では「Tポイント」と連携してポイント還元セー
ルを積極的に実施したり、SoftBankのスマホユーザー向けにポイント優遇を実施
したりして、さらなるモールの利用者の増員を図っている。

　そして、有料会員制度「**プレミアム会員**」の囲い込みにも注力している。2015
年3月にプレミアム会員向けの施策を開始し、現在もポイント優遇などを続けて
きたことでモール内の流通額に占めるプレミアム会員の比率は7割程度まで上昇
したんだ。出店者は、プレミアム会員を中心とした膨大なユーザーを、イベント
に合わせてうまく取り込めるかどうかが今後の成功のカギになるだろう。

　このように、今後も日本一のポータルサイトや外部と連動した成長は期待でき
るが、流通額に数倍の差がついている楽天市場やAmazonを追い越すにはまだ時
間がかかりそうだね。

図5-5：Yahoo! ショッピングの出店数変遷

ワンポイントアドバイス

eコマース革命以降、Yahoo!ショッピングの出店数は爆
発的に増えつつある。混沌としている今だからこそ、しっか
りと勉強して、競合店に差をつけられるようにしよう

Yahoo!ショッピングで 売上を伸ばすためのポイント

Yahoo!ショッピングにはどんな特徴があるんですか?

最大の特徴は**出店料と販売手数料が無料であること**だ。初期費用がかからないから、売上が少ないEC事業者や、これからECを開始する企業でも参入しやすい。その分、出店数は激増していてモール内の競争は非常に激しくなっている。

また、モール内で独自のポイントを発行しておらず、Tポイントと連携しているのも特徴だ。不定期で「ポイント36倍セール」といった大型キャンペーンも開催していて、セール中はアクセス数が一気に増えるんだよ。

また、Yahoo!ショッピングでも、モール内検索経由の売上が大半だと言われている。売上を伸ばすには検索結果の上位に表示することがとても重要で、そのためには検索結果画面に表示するいくつかの広告を使うことが有効な手段だというのは、他のモールと共通する点かもしれないね。

Yahoo!ショッピングの広告には どんなものがあるんですか?

現在よく使われているものとしては、検索結果画面に表示されるキーワード連動型広告の「**ストアマッチ**」と「**PRオプション**」の2種類だ(図5-6)。

クリック課金型のストアマッチは、ユーザーがモール内でキーワード検索を行うと、そのキーワードに関連した商品の広告が検索結果の上位に表示されるというシンプルなものだ。**PR表記が目立たないため、自然検索の検索結果に溶け込みやすく、クリックされやすい傾向にある。**ただし、検索されたキーワードと広告の関連性についてはアルゴリズムが自動的に判断するため、こちらから広告を表示させるキーワードを指定できない。

PRオプションは、広告経由の売上に対して手数料が発生するタイプの広告だ。ストアマッチと同じくキーワード連動型の広告だが、こちらは広告を表示させるキーワードを指定できる。**最大の特徴は、検索画面に「PR」や「広告」などの表記がなく、検索結果に表示された広告は自然検索と見分けがつかないこと。**また、手数料率は1〜20%の範囲で自由に設定でき、料率を高く設定すれば検索結果の上位に表示されるという仕組みだ。

もうひとつの特徴は、CRMや顧客分析を行う外部ツール「**アールエイト**」と連携していることだ。最初のうちは使いこなすことが難しいかもしれないが、慣れてきたら、メルマガのターゲット別配信などに役立てるといいだろう。出品している全ての商品に、最低でも売上高の1%の販売手数料を支払えば利用できるので、ストアマッチやPRオプションと合わせて利用するケースが広がっている。さらに、7%以上の手数料率を払うと、プレミアム会員がログインしたときに商品が優先的に上位表示されるようになる。さっきも言ったように、売上の多くを占めているのがモール内検索からの流入だから、売上を伸ばすためには有効な施策となるだろう。

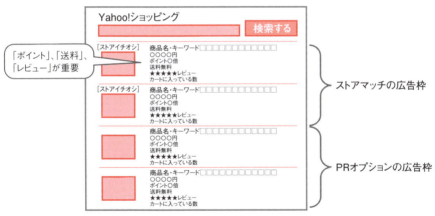

図5-6：Yahoo! ショッピングの検索結果ページのイメージ

ワンポイントアドバイス

Yahoo!ショッピングも、他のモールと違わずに検索からの流入が非常に多い。イベントなどの機会をしっかり駆使して、ガッチリ売上を確保できるようにしよう

Section 09

三大モール以外に注目すべき急成長モール

ここまで、楽天市場とAmazon、Yahoo!ショッピングという三大モールの特徴について説明してきた。続いて今回は、流通額が2000億円規模以下の準大手～中堅どころのモールについて触れておこう（表5-4）、（表5-5）。

どんなモールがあるんですか？

まず、三大モールに次ぐ規模を持つモールの筆頭として挙げたいのがファッション専門モール「**ZOZOTOWN**」だ。流通額はすでに2000億円を超えていて、出店するブランドも増加中。これからも年率2桁以上の成長率が維持されていくと予想されているんだ。成長を続ける背景には、出店者が商品をZOZOTOWNの倉庫に預けると、写真撮影や商品登録、顧客対応、物流出荷などを代行する画期的なモデルがある。また、複数のブランドをまとめて決済し、一度に受け取ることができるのも特徴だ。こうした独自のサービスで差別化して、過熱するファッション業界のスマホ需要を巧みに取り込んでいる。

同じくファッションジャンルで急成長している「**SHOPLIST**」も覚えておこう。単価がやや低めのファストファッションを強みとし、若年層に強いファッションモールという立場を確立している。流通額こそ約200億円だが成長率は年率30～40％と非常に高い。楽天市場やYahoo!ショッピングに出店している企業が多店舗展開の出店先として真っ先にSHOPLISTを選ぶことも増えている。

ファッションジャンル以外の最近の動きとしては、2017年にKDDIグループが「**Wowma!（ワウマ）**」を開設した。これは、DeNAが運営していた「**DeNAショッピング**」を譲り受けて名前を変えたモールだ。流通額は約600億円と言われており、auの携帯電話を使っている消費者にアプローチするなどグループのシナジーを生かし、早期のモール内売上高1000億円突破を狙っている今後の注目株だ。周囲からの期待値も高く、出店企業も増えている。

このほか、美容健康系商品やアジアなどの海外販売に強い「**Qoo10**」も間もなく1000億円突破が近いことや、リクルートグループが運営しているサイトとの連携に強い「**ポンパレモール**」からも目を離せないし、個人間取引（CtoC）の分野ではフリマアプリの「**メルカリ**」が急成長していて、流通額はすでに年間1000億円に達している。

　今回紹介したモールは、スマホユーザーに支持されて、大手モールと違った客層を持っているのも特徴となっている。プロモーション手法や客層に違いを理解しながら「**全部活用する**」つもりで販売場所を広げていくことが、今後のEC事業の主流となっていくだろう。

モール名	主要ジャンル	特徴
ZOZOTOWN 	ファッション全般	画期的なシステムを背景に高成長を維持
SHOPLIST 	ファッション全般	ファストファッションに強み
Wowma! 	オールジャンル	au キャリアとのシナジー効果が期待される

表5-4：三大モール以外に注目すべきモール（その1）

モール名	主要ジャンル	特徴
Qoo10	オールジャンル	特に美容健康系商品とアジア圏への販売に強み
ポンパレモール	オールジャンル	リクルートグループのサイトとの連携に強み
メルカリ	オールジャンル	スマホアプリとして爆発的に成長 若年女性に人気

表5-5：三大モール以外に注目すべきモール（その2）

ワンポイントアドバイス

三大モール以外にも、ECモールはこんなにある。自社の商品に合致するモールがあれば、臆することなくドンドン出店してみよう

越境ECのポイント①
中国編

「越境EC」についても触れておこう。**越境ECとは、その名の通り日本国外に狙いを定めたECの事業展開のこと**だよ。

まずは中国について。世界最大のEC市場を持つ中国は、海外展開を計画する日本のEC事業者にとって、重要な市場のひとつになっている。

中国のEC市場規模は2016年時点で約80兆円にも達していて、世界の市場規模と比較すると、突出して大きい。しかも、成長率も驚くほど高く、市場は年率30%で成長していて、中国国内の消費に占めるECの比率も20%に近付き、存在感が増している状況だ。

中国のEC市場には、どんな特徴があるんですか？

特徴のひとつとして、日本のEC市場の約半分を占める自社ECサイトがほとんどなく、**大手ECモールの影響力が非常に強い**ことが挙げられる。特にBtoCに限っては、市場における大手モール3つのシェアが8割を超えているんだ。

中でも頭抜けているのがアリババグループの運営している「**Tmall（天猫）**」だ。市場シェアの約60%を握っているとも言われており、扱う商品もファッションや化粧品、食品、日用品、家電など幅広い。出店型のショッピングモールなので、日本のECモールで例えるなら楽天市場の事業形態に近いね。

天猫に次いで中国2位の規模を持つのは、京東（ジンドン）が運営している「**JD.COM**」。京東が商品を仕入れて販売する直販事業に加えて出店型のショッピングモール事業も行っており、中国全土に安定的かつ高速な物流ネットワークを持つのが特徴だ。モールと直販を手がけているという意味では、日本のAmazonのビジネスモデルに似ているね。市場シェアは約25%に達している。

そして、3番手は家電を中心に販売する「**Suning**」。4番手ながら高成長で注目なのが「**VIPshop**」だ。VIPshopは、メーカーから商品を預かって、商品ページの

制作や集客、梱包、出荷などを代行する「受託販売モデル」を展開していて、同じブランドや同じ商品の乱立はなく、セールなどの仕掛けでファンを集めている。日本のイメージとしては、ECサイトではないが、百貨店が定期的にバーゲンセールでお客を集めているイメージに近い。

これらのモールには日本の企業も出店できるんですか？

紹介したうち、天猫とJD.comには中国の法人がない企業は出店できないんだ。つまり、**日本の企業が出店するには、現地法人を設立したり、中国企業と合弁会社を作ったりする必要がある**。日本の企業だと、ユニクロなどが実際に現地法人を設立して天猫に出店しているよ。

なお、アリババや京東は、ここで紹介したドメスティックなECモールだけでなく、外資系企業のためのECモールも運営している（「**Tmall Global（天猫国際）**」と「**JD worldwide**」）。これらのECモールであれば、日本法人も出店することが可能だ。現地法人を作る際にはいろいろなリスクもあるから、まずこれらに出店し、越境ECを行う日本の企業が増えている。「中国に出店しよう！」となったときには、これらのモールから出店してみるといいだろう。

中国でECの売上を伸ばすには、どうすればいいんですか？

中国ECの広告やプロモーションの手法について説明しよう。中国のECモール内の広告は、日本と同じように検索キーワードに連動する広告や、バナー広告などが使われている。また、アフィリエイト広告などもある。

中国では日本以上にインフルエンサーマーケティングも活発だよ。「**KOL（Key Opinion Leader）**」と呼ばれる、インターネット上で強い影響力を持つ人物が、SNSなどを通じて商品を紹介し、オンラインで販売する形式だ。**人気のKOLが商品を紹介すると、1日で数億円規模を稼ぐようなケースもある**。ただし、**KOLにプロモーションを依頼すると莫大な費用がかかることが多い上、当たり外れの差も激しいから、慎重に行わなくてはいけない**（図5-7）。

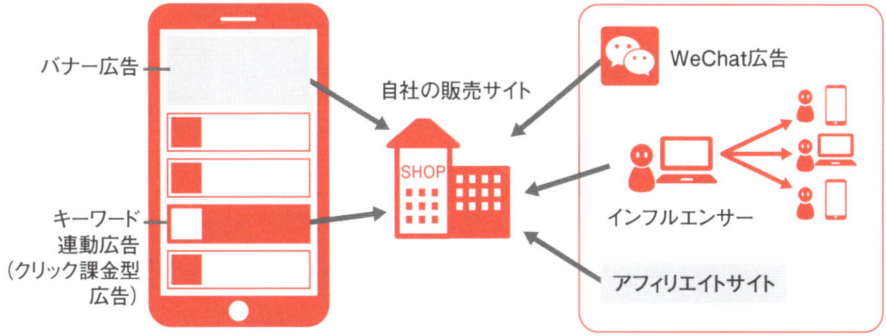

バナー広告

自社の販売サイト

WeChat広告

キーワード
連動広告
（クリック課金型
広告）

SHOP

インフルエンサー

アフィリエイトサイト

図5-7：中国ECで売上を伸ばすための手段

最後に、中国のオンライン決済についても簡単に触れておこう。中国ではアリババが提供している「**アリペイ**」と、中国IT大手のテンセントが運営している「**ウィーチャットペイ**」が大きなシェアを持っている。

中国では電子マネーがかなり普及していると
聞いたことがあります

そうだね。**EC事業自体だけでなく、こうした各国の事情を踏まえた施策の検討**もしなければいけないのが**越境ECの難しさでもあるし、面白さでもある。**

中でも絶対に外すことのできないチャネルが、中国国内で絶大な人気を持っているメッセージアプリ「**WeChat（ウィーチャット）**」だ。「中国版のLINE」とも呼ばれており、外資のITサービスが規制されている中国では、WeChatの活用がかなりのカギを握っていると言えるだろう。

ワンポイントアドバイス

中国だけでなく、越境ECを展開する際には、展開先の国をしっかりと理解することが大事だ。ここから、台湾とアメリカも紹介していくけど、それぞれの特徴をしっかり押さえよう

Section 11

越境ECのポイント②
台湾編

前回の中国に引き続き、今回は台湾のEC市場について説明しよう。台湾は日本から地理的に近く親日国であることから、多くの日本企業が進出しているんだ。

台湾のEC市場は、どのぐらいの規模があるんですか？

台湾のEC市場は約3兆円だと言われている。台湾の人口は約2400万人だから、**ちょうど日本の首都圏に向けてEC販売をする規模のイメージ**を持つと近いだろう。EC市場の成長率は年率10〜15％前後で、日本より伸びている状況だね（表5-6）。

すでに多くの日本企業が進出していて、特にここ1、2年は、化粧品や健康食品など単品リピート型の商品を扱う企業の参入が目立つ。自社ECサイトを開設し、定期購入型の販売形態で初年度年商1億〜3億円を売り上げる企業も出てきているよ。**日本での販売方法がそのまま通用しやすく、クリエイティブやCRMなどのノウハウも応用できる**のが特徴だ。

ちなみに、**日本の通販会社が台湾に進出した場合に見込める売上高は、おおよそ日本における売上の10分の1ほど**だと考えておくといいだろう。

	2012年	2013年	2014年	2015年
BtoC（単位：億台湾ドル）	3,820	4,511	5,291	6,138
CtoC（単位：億台湾ドル）	2,786	3,162	3,541	3,931
総額（単位：億台湾ドル）	6,606	7,673	8,832	10,069
成長率（％）	17.4	16.2	15.1	14.0

データ出典：台湾産業情報研究所（http://mic.iii.org.tw/Default.aspx）
注：1億台湾ドル＝約3.7億円

表5-6：台湾のEC市場推移

日本との違いはありますか？

　日本との違いを挙げるとするならば、ECの決済手段として「代引き」や「コンビニ払い」が多く利用されていることだろう。**日本のEC決済ではクレジットカード決済が最も多く利用されているけど、台湾ではカード決済の比率は相対的に低い。**台湾では「商品を受け取ってから代金を支払いたい」と考える消費者が多いんだ。

　台湾のECモールについても触れておこう。台湾のECモールといえば「**Yahoo!**」、「**PChome**」、「**momo**」が有名だ。現時点では日本企業がたくさん出店しているというわけではないんだけど、台湾では日本製品への信頼が依然として高く、ECで日本の商品を買う動きも広がっているから、出店を検討している企業は少なくない。

　実店舗の小売業ではセブンイレブンやファミリーマートなどのコンビニやユニクロ・無印などが大々的にビジネスを展開しているから、将来的には実店舗とECのオムニチャネルで事業拡大する企業も増えてくる状況が想像できる。しっかりと今のうちに市場分析などをしておくと、台湾への越境ECのブームが来たときに売上を伸ばすことができるだろう。

ワンポイントアドバイス

台湾の特徴は、「カード決済の比率が低い」こと。展開する際にはこのことを肝に銘じて、決済方法や配送手段をしっかりと充実させよう

越境ECのポイント③
アメリカ編

　本章の最後に、日本の企業がアメリカでECを行う方法について解説しよう。初めてアメリカでECを行う場合、まずは「**Amazon.com（アメリカのAmazon）**」に出店することがオススメだ。

なぜAmazon.comに出店する必要があるんですか？

　アメリカでは**Amazon.comの影響力が圧倒的に強い**ためだ。アメリカのEC市場は現在約40兆円ほどなんだけど、**Amazon.comの市場シェアはそのうち約4割にも達している**。そして、今後もますますシェアは拡大すると予想されているんだ。

　そもそも、アメリカで実績のない日本の企業が、英語の自社ECサイトを開設して、検索エンジン対策やリスティング広告などに投資したとしても、Amazon.comを筆頭とする既存の大手ECモールにはとても太刀打ちできない。だから、**アメリカでECを行うならば、まずはAmazon.comに出店して、テストマーケティングを行うことが成功の近道**なんだ。Amazon.comに出店するためには、現地法人を作る必要もないし、日本のAmazonと同様の決済や物流サービスなどを利用することができる。インターフェースに大きな差もないから、先行投資が抑えられ、新規事業立ち上げのリスクも小さくなるのがメリットだよ。

Amazon.comに出店するには
具体的にはどうすればいいんですか？

　Amazonの日本法人を通じて出店を申し込むことができる。その後、在庫を米国のFBAの倉庫に預ければ、梱包や出荷を代行してくれるんだ。今では**運営の管理画面も日本語で表示される**から、担当者の負担もかなり少なくなってきている

（図5-8）。

　ちなみに、モール内に広告を掲載したい場合は、キーワード連動型の「スポンサープロダクト広告」と呼ばれるものを使うことができる。管理画面が日本語に対応してこそいるが、さすがにキーワードの選定は英語で行わなくてはいけないため、やはりある程度の語学力は必要だ。まあ、もし自社で広告運用が難しければ、広告部分は代行会社に委託するのもひとつの手ではある。

　管理画面が日本語に対応して以降、Amazon.com に出店を検討する日本の企業はジワジワと増えている。以前から米国進出を検討する日本企業は少なくなかったけど、Amazon.com に出店しやすい環境が整ってきたことで、ますますECの先進国かつ巨大消費市場の米国でECを開始する日本企業は増えてくるだろう。

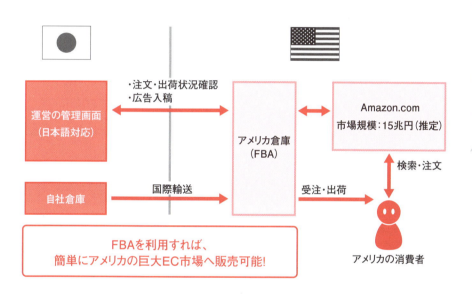

図5-8：アメリカへの進出は簡単!

ワンポイントアドバイス

アメリカには Amazon.com という巨人がいるから、まずはここに進出することが基本となる。紹介したように、日本の Amazon と同じところも多いから、積極的に出店してみてもいいかもね

コラム 知っておくべき商品ジャンル別の売り方 【ペット・植物】編

・ペット用品

【傾向】

　ペット用品に関しては、一度の買い物でペットフードやおやつ、お手入れグッズなどが全て揃うショップが選ばれる傾向にあります。また、ニーズの多様化が進んでおり、簡単なもので済ませる人もいれば、単価の高い商品でも、安心・安全なものを欲する人もいます。販売側の傾向としては、商品販売から一歩踏み込んで、ペットの病気や悩み別に提案を行い、顧客との関係性を構築する店が増えています。

【売り方】

　上記の傾向から、可能な限りアイテム数を増やして、顧客のニーズを満たすことが非常に重要です。その中でも、突発的に必要となることも多いペットフードは、注文が入ってからすぐに届ける出荷体制やリピート購入につなげる施策に重点的に取り組みましょう。

・植物

【傾向】

　植物ジャンルは、「花」と「観葉植物」の2種類に大別できます。花は、基本的にはギフト需要の大きい商品です。最近では、時期の定まったギフトだけではなく、パーソナルな記念日の需要にアプローチしている店舗もあります。観葉植物は、オフィス環境の改善目的で、企業が購入するケースが増えています。

【売り方】

　花については、母の日のギフトなどで、有名なお菓子や人気のあるスイーツ店などとコラボして、セットで販売する方法が新しい提案として伸びています。駆け込み需要も大きいジャンルなので、ギリギリの注文でも記念日に間に合うような出荷体制を整えるなどの仕掛けを行う必要があるでしょう。植物は、一度購入するだけでなく、定期的に入れ替えたり、オフィス内で育てたりする需要も伸びているので、永続的に購入してもらえるサイクルを作ることを念頭に置くことが求められます。

自社ECの
傾向と対策

Chapter

6

［商品］
基本的な商品作りのポイント

　ここから、自社ECにおいて売上を伸ばすための実践的な方法をレクチャーしていこう。**自社ECでは、新規顧客の購入ハードルを下げるために、集客を目的としたお買い得な商品（集客商品）を作ることが必要**だ。化粧品を扱うなら低価格のサンプルセット、アパレル系なら浴衣やマフラーのような低単価のシーズンアイテムが集客商品になるだろう。

　最近では、父の日や母の日など、季節ごとのイベントで新規顧客を獲得しやすい傾向にあるから、イベントに合わせて集客商品を販売するのも、顧客名簿を増やすことに効果的だろう。

　集客商品を買ってもらう最大の目的は、顧客名簿を作ること。だから、名簿ができたら、メルマガやDMなどを使ってリピート購入を促進する施策が欠かせない。このとき、クーポンや定期購入キャンペーンなどを活用するとリピーターに転換しやすい。

お買い得商品を作って、新規顧客を増やすんですね

　そうだね。でも、安い商品ばかりを売っていては当然利益が出ない。だから、集客商品で集めた顧客をリピーターに育てて、メイン商品や利益率が高い商品（収益商品）を販売していくことが重要なんだ。

　例えば、化粧品ならサンプルセットの次に本製品を販売し、さらに定期購入へと引き上げる。食品ジャンルなら、売れ筋商品を販売してお店のファンになってもらい、お歳暮用のギフトセットなどの収益商品をシーズンごとに販売していく……などが考えられるね。

利益を稼ぐには、リピーターを増やすことが
重要なんですね!

　ここまでをまとめよう (図6-1)。

　自社ECでは、「集客商品」で集客して名簿を作り「収益商品」の販売に注力して売上を伸ばすことが必要だ。こうした**利益率の高い商品と、低い商品を戦略的に販売する方法は「粗利ミックス」**と呼ばれるから、しっかりと覚えておこう。

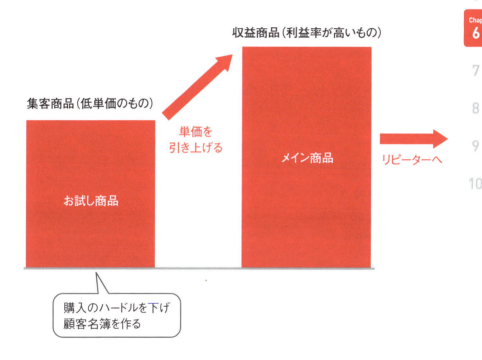

図6-1 : 自社ECで売上を伸ばす「粗利ミックス」

ワンポイントアドバイス

 今回覚えてほしいのは「粗利ミックス」。自社ECでの基本的な商品作りの考えであることはもちろん、モールでの戦略立案にも役立つからしっかり覚えておこう

[集客]
自社ECの主な集客ルートを知ろう

自社ECサイトの主な集客ルートには、「検索」、「広告」、「クチコミ」の3つがある。効率的に売上を伸ばすには、それぞれの集客ルートをバランスよく強化していくことが大切だ。

集客ルートは、どうやって使い分ければいいんですか?

そもそも、集客にはどんな手順があるのか、ということを消費者の購買行動を軸にして考えてみよう。

消費者は、商品を購入するとき、

①商品のことを知る
②商品に興味を持つ
③商品のことを調べてみる
④買うことを決断する

というステップを踏む。つまり集客には、最終的な「購入」というゴールに向かって「自社の商品を知ってもらう」、「商品に興味を持ってもらう」、「商品を詳しく知ってもらう」という3つのステップがあるということだ。

まず、「自社の商品を多くの消費者に知ってもらう」という最初のステップでは、広告を使うことが有効だ。具体的には、Googleなどの検索画面に出るリスティング広告やアフィリエイト広告、SNS広告、YouTube広告などがある。

広告を活用し、商品の認知度が高まってきたら、今度は商品に興味を持ってもらうために、アフィリエイトやブログのクチコミを利用したマーケティングが効果的だろう。

そして、ニーズが顕在化してきたら、商品のことをさらに知ってもらうために、

検索エンジン対策を行い、自発的な検索を促すのが効果的だ（図6-2）。

　自社ECでは、最終的にはこういった集客施策をせずとも自社の商品名やブランド名といった「**指名ワード**」で検索してくれるようなユーザーを増やしていくことが目標になる。スマホ化が進み、じっくり吟味してネットで買い物することが少なくなっている状況では、「無印」や「洗えるスーツ」のような、商品に結びつくワードで検索してもらうことはさらに重要度が増す。「**指名ワード**」**を使って検索するユーザーは、ニーズがはっきりしているので、購入率は非常に高い**からね。

　自社ECサイトにおいて「広告」を使った集客手法は、年々投資した広告費用に対する回収できる売上が減る傾向が出ている。広告を有効活用するポイントは、一喜一憂しないで1年間などの一定期間は決まった金額を投下し続けて、1件の顧客名簿を獲得できる費用（CPO＝Cost Per Order）を検証しながら時間をかけて活用することが重要となっているんだ。

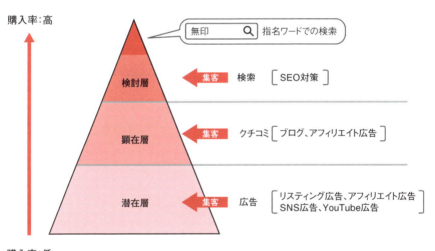

図6-2：集客のステップ

ワンポイントアドバイス

ひとくちに「集客」とはいっても、消費者がサイトを訪れるニーズはまさに十人十色。それぞれのステップによって有効な施策は異なることを理解しておこう

Section
03

[集客]
SNS広告は
認知度拡大を狙う

今回は、FacebookやTwitter、InstagramなどでSNS広告の運用ポイントを解説しよう。

まず、SNS広告の基本的な事柄を理解してほしい。**SNS広告のそもそもの目的は、商品やショップの「認知拡大」だ。**また、SNS広告のCPA（＝Cost Per Acquisition、顧客獲得コスト）は、リスティング広告やアフィリエイトなど、直接的な効果を狙う広告に比べると低くなるのが一般的だ。だから、**CPAの効率化だけを追求するのではなく、中長期的な視点で運用することが大きなポイント**だよ。

具体的には、どんなことに注意が必要なんですか？

SNS広告を使うときは、まずは**自社のSNSアカウントを作っておくことが重要**だ。商品情報を拡散できたとしても、受け皿になるアカウントがないと、ユーザーをとりこぼしてしまうからね。また、最近ではユーザーが企業のSNSアカウントに商品について直接問い合わせることも珍しくない。SNSアカウントは、カスタマーサポートや集客のチャネルのひとつだと捉えてほしい。

SNS広告自体の話に戻ると、写真のクオリティによってクリック率が大きく変わる。特に、**商品の利用シーンがわかりやすい写真や、ライフスタイルが垣間見えるような写真はクリックされやすい**。逆に、**広告色が強い写真は、ユーザーから嫌われる傾向にある**から注意が必要だ。

また、SNSごとに広告媒体としての特徴があるから、広告の目的に合わせて使い分けることも大きなポイントだ。

Facebookはセグメント配信に強く、年齢や性別はもちろんのこと、ユーザーの興味・関心などパーソナルな情報に基づいて広告を配信することができる。

TwitterやInstagramは情報の拡散力に優れていて、運用次第で数万〜数十万人にリーチすることが可能だ。SNS上で商品のクチコミを醸成し、購買促進のベー

スを作るような施策も有効だよ。

　また、Twitterについては特定のアカウントのフォロワーに広告を配信することもできるから、競合店のフォロワーに、自社の商品の広告を配信するような戦略も考えられるね。

最近は、SNSのクチコミがECに大きな影響を
与えていると聞きました

　近年のトレンドとして、SNSの有力なインフルエンサー（フォロワーが多く、影響力がある人）に短い動画なども使って商品を紹介してもらう**「インフルエンサーマーケティング」**に注目が集まっている。商品の認知向上や、ECサイトへの集客などに効果が高いと言われていて、こうしたSNSを使った新しいマーケティング手法も、今後はEC業界で広がっていくだろうね（図6-3）。

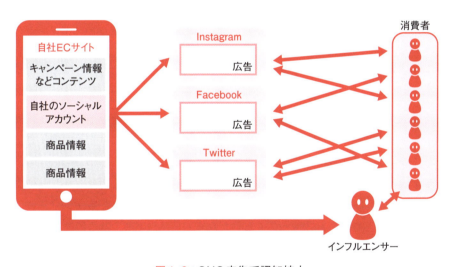

図6-3：SNS広告で認知拡大

ワンポイントアドバイス

マーケティング界隈でも注目を集めている「インフルエンサーマーケティング」。この潮流をしっかりつかんで、売上拡大に生かしたいね

[ページ作り]
信頼してもらえる ランディングページの考え方

自社ECサイトを訪問する人は、まず広告などからきっかけを得て、ランディングページ（LP）に誘導される。**ランディングページは、流入経路を自由に増やすことができる**ので、**新規顧客を増やすためにもとても重要なもの**なんだ。

ランディングページは 普通の商品ページと何が違うんでしょうか？

まずはどんな人が流入してくるのかを押さえておこう。リスティング広告やアフィリエイト、SNSのクチコミ・広告・動画など、自社ECサイトには数多くの流入経路がある。ただし、楽天市場などのモールとは違って、自社の商品やサイトを全く知らなかったり、商品購入の意識が低かったりする人も多く流入したりするんだ。

ここまでを理解したら、実際のページ作りの際のポイントを解説しよう。まずページ最上部の「**ファーストビュー**」と呼ばれる部分についてだ。多くの人がサイトを訪問するきっかけとなる広告の訴求ポイントとランディングページのファーストビューの内容が異なると、消費者は「違うページに来てしまった」と思って離脱してしまう。だから、まず**重要なのが**「**広告とファーストビューの連動**」だ。

ファーストビュー以下の部分は普通の商品ページと似ている部分もあるんだけど、広告を中心にアフィリエイトやSNSから来た人は商品のこともブランドや会社のことも知らない状態でやってくる。だから、商品説明や会社の説明を入れることはもちろんなんだけど、信用を得るためにレビューやクチコミ情報を入れるなど、「**第三者の評価**」を多く入れることが必須となる。普通の商品ページやリピーターが購入する際には必要としない情報もたくさん提供することで、商品への信頼を構築していく必要があるんだ。

何も知らずに流入した人でも安心して 購入できる土台を作るんですね！

他にも、初めて購入する際の不安を少しでも軽減できるように返金保証制度を設けたり、初回限定割引を用意したり、**購入のハードルを通常よりも下げることが購入率向上のためにも非常に効果的**な手法なんだ。

　このように、ランディングページは通常の商品ページに比べて1ページで多くの情報を提供する必要があるため、どうしても縦に長いページになってしまう（図6-4）。スマホの場合、あまりに長いと離脱を招く原因ともなってしまうので、大量の情報を短い動画に1、2本くらいに分けて見せる手法も用いられているよ。また、広告は様々なターゲットに対して出稿されているため、ターゲット別にページを作り、2つに分けて効果を測定するA/Bテストなどを行って効果の高いページを作り込むことも有効だろう。常に改善し続けることで新規顧客を獲得できるランディングページを作っていく必要があるんだよ。

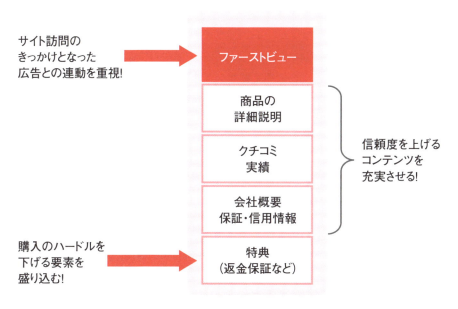

図6-4：ランディングページの基本的な構成

ランディングページは、いわばショップの顔。ここで信頼を得ておかないと、なかなか購入にはつながらない。第一印象をよくするために、試行錯誤を繰り返そう

[ページ作り]
購入を引き寄せる
コンテンツ作りのコツ

　自社ECサイトの購入率や滞在時間を高めるには、サイトに掲載するコンテンツの作り込みがとても大切だ。全く同じ商品を、全く同じ値段で売っていても、コンテンツ次第でショップの売上が大きく変わることも珍しくないからね。

どんなコンテンツを掲載すれば売上が伸びるんですか？

　156ページでも紹介したけど、自社ECサイトで特に重要なコンテンツは、企業の情報や販売実績、顧客のレビューなど「店舗の信用」につながるようなものだ。

　消費者の立場からすると、初めて買うショップのことを、よく知りたいと思うのは当然だよね。特に自社ECサイトの場合、高額な商品を扱うことも少なくないから、そのお店や運営会社が信用できるのかどうか、購入前にしっかり確認するユーザーは多い。

　実際、ページのどの部分に興味を持っているかがわかるヒートマップ分析で自社ECサイトを分析すると、会社概要や販売実績がよく見られていることが多い。また、Googleアナリティクスなどを使って、ユーザーがショップ内でどのようにページ遷移しているかを調べると、商品ページを見た後に会社の情報が載っているページに進むことが多い。

　つまり、**自社ECサイトにアクセスしたユーザーは、商品単体ではなく、会社のことも合わせて購入を検討する**ということ。ちなみに、こうした傾向はPCでもスマホでも変わらない。

具体的に、どんなコンテンツを作ればいいんですか？

　会社情報の部分には、会社の住所や設立年のような情報だけでなく、「商品開発

に対する社員の思い」や「品質へのこだわり」、「地元での活動」なども記載しておくといいだろう。また、生産工程などを写真つきで説明することで、商品の品質への信頼を高めたり、出荷や配送について詳しく説明して、商品を大切に扱っていることを伝えたりすることも大切だ。会社として、どんなことに取り組んでいるのか、どんな強みを持っているのか、そういったことをしっかり伝えるのがポイントだよ。そして、販売実績や受賞歴、購入者から寄せられた感想なども、会社のことを知ってもらうための大切なコンテンツだ。ショップのことをよく理解してもらうために、それらの情報もしっかり発信してほしい（図6-5）。

　最後に、**自社ECサイトでは、動画もよく見られる**コンテンツだ。文章や写真だけでなく、YouTubeへのリンクを貼ることで、より会社のことが伝わりやすくなるはずだ。特に**スマホユーザーの間では、動画に対する関心がかなり高まっている**から、活用してみよう。

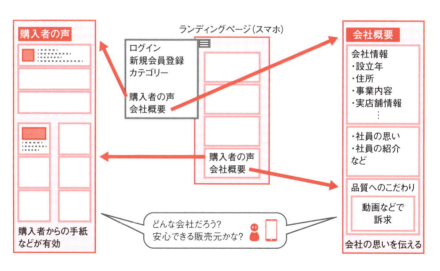

図6-5：会社についての情報と消費者の声を手厚くする

ワンポイントアドバイス

前節で紹介したランディングページだけではなく、細かいコンテンツでも消費者の信頼感を得られるかどうかで、売上は変わる。不信感を抱かせないように情報発信しよう

Section **06** ［ページ作り］
リピート・ファンを増やす
ページ作りのコツ

**一度来店した人に再来店してもらうには
どんな方法があるんでしょうか？**

　自社ECサイトでは、2回、3回とリピートして買い物をしてくれる「**ロイヤル
カスタマー**」を育成することが重要だ。そのために、スマホの普及でできた気軽
に何度も訪問してもらえるような土壌を生かし、リピート性の高いコンテンツや、
クセになるコンテンツを提供することで、「このサイトのコンテンツをまた見た
い」、「またショップに行きたい」と思ってもらい、継続的な購入につなげていく
必要がある。つまり、新たなユーザーエクスペリエンス（UX）＝新たな顧客体験
を実現するために、他社にはないユニークなコンテンツも必要とされているんだ。

　代表的な例としては、ブログ系の読み物を頻繁に更新したり、スマホ向けにア
プリを開発して、アプリを起動した際にポイントの発行をしたりなどが挙げられ
る。他には、「商品の買いやすさ」も重要な来店動機につながるだろう。Webで
店舗在庫を確認でき、注文しておいた商品を任意の場所で指定の日時に受け取れ
るようにすることや、コンビニ後払いやキャリア決済といった決済方法の選択肢
を広げたり、他社にはない強みがあればそれが来店動機にもつながる。来店動機
を増やせるポイントをたくさん盛り込み、**様々な方法でユニークなユーザーエク
スペリエンスを実現することが重要**だ（図6-6）。

**他にはない「買い物体験」で、何度も来店してもらうことが
大切なんですね。商品受取や決済以外には、どんな方
法があるんでしょうか？**

　アパレル系の商品であれば、商品画像をクリックしたら短い動画が流れるよう
にすることで、商品のサイズ感や実際に身につけた感覚を表現したり、テレビ

ショッピングのような動画を全商品で作成して、動画を見るだけで多くの商品情報を余すことなく伝えるなど、自社サイトならではのコンテンツで顧客の心をつかむことに成功しているサイトもあるよ。

　また、最近よく見られるのが「**いつでもやめられる定期購入**」だ。これまでの定期購入には、「初回特典の割引で購入したら3か月間は購入を続けなければならない」というような縛りがあることが多かったんだけど、初回のみでも解約できることを強みに顧客の安心感を得て、定期購入のハードルを下げることに成功している例もあるんだ。

図6-6：リピート訪問してもらうためのあれこれ

ワンポイントアドバイス

消費者が「何度も来たい！」と思うフックはたくさんある。ロイヤルカスタマーを増やすことができれば、ショップの安定的な売上につながるから、用意するフックは多ければ多いほどいいよ

[ページ作り]

情報を発信することの重要性

今回は、「情報発信の重要性」について説明しよう。情報発信の更新頻度を高めることは、とても有効なプロモーションになるんだ。

なぜ情報発信はプロモーションに有効なんですか？

そもそもECサイト上でコンテンツを発信する主な目的は、「会社やサイトのことを知ってもらい、安心感を高めて新規購入を後押しする」というものだが、これを行うことで、

・サイト上のテキストコンテンツが増え、検索エンジン対策に役立つ
・コンテンツを流用してメルマガやSNSなどで発信しやすい

などの副次的なメリットがあるんだ。

よく寄せられる質問があるなら、質問してきた人にただ回答するだけではなく、ハウツー系の記事としてECサイトに掲載すると、検索エンジン対策にも効果を発揮する。よく聞かれることは、他の人も同じように悩んでいる可能性が高いから、ハウツー系の記事を掲載することで、検索エンジンの結果から、記事へのアクセスが見込めるんだ。そして、悩みを解決する手段として自社の商品を紹介すれば、購入につながりやすい。

記事にするようなネタは、寄せられた質問への回答だけでなく、工場で商品を製造している様子や、社内活動など、社員の顔が見えるようなコンテンツもいいだろう。

「自社ならでは」の情報を発信することが大切なんですね

そうだね。そして、**コンテンツを頻繁に更新すること**も**重要**だ。長い間、更新が滞っているショップは、活気がないように感じられ、印象は悪くなる（図6-7）。

逆にコンテンツが頻繁に更新されていると、活気がよく伝わる。だから、コンテンツは内容や量と合わせて、「日付」の新しさにもこだわって発信してほしい。

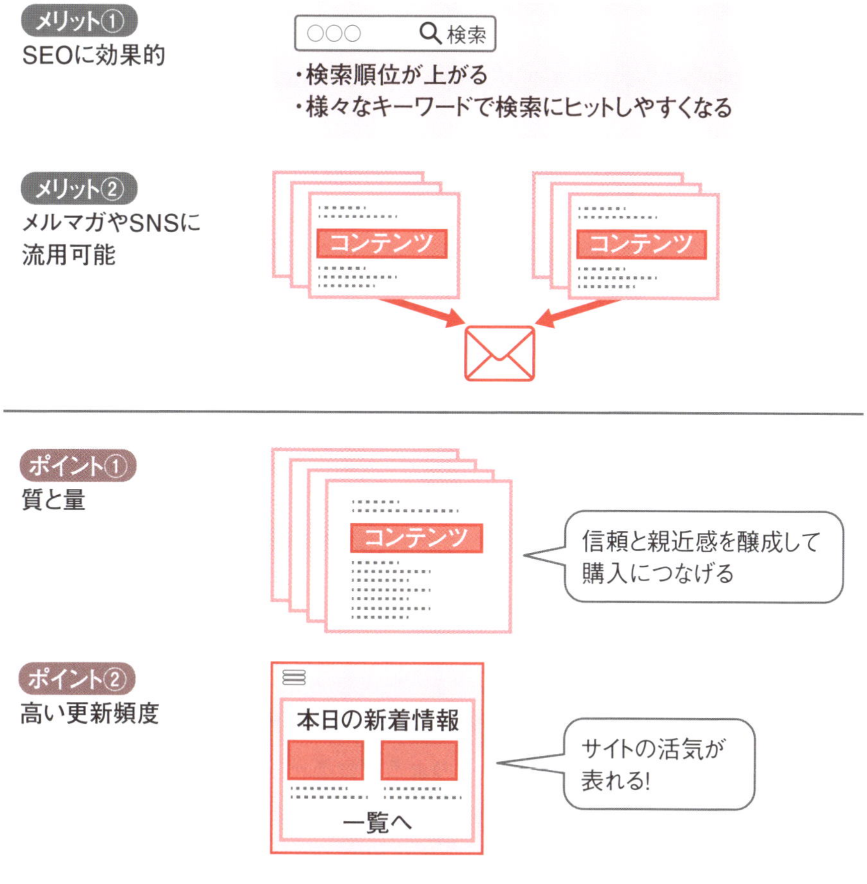

メリット①
SEOに効果的

○○○　🔍検索

・検索順位が上がる
・様々なキーワードで検索にヒットしやすくなる

メリット②
メルマガやSNSに
流用可能

コンテンツ　　　　　コンテンツ

ポイント①
質と量

コンテンツ

信頼と親近感を醸成して
購入につなげる

ポイント②
高い更新頻度

本日の新着情報

一覧へ

サイトの活気が
表れる!

図6-7：コンテンツ発信のメリットとポイント

ワンポイントアドバイス

変化が目まぐるしい業界だからこそ、多くの人はそのサイトの情報鮮度にこだわる。いつまでも古い情報を掲載するのではなく、常に最新の情報を発信できるようにしよう

[ページ作り]
実店舗同様の接客を行う

　自社ECで売上を伸ばす施策を考えるためには、商品の数が増え続けているというEC業界の現状をよく理解しておく必要がある。このような状況を受けて最近目覚ましい進化を遂げているのが、AIを活用した、実店舗での接客体験をECでも実現するツールなんだ（図6-8）。

ECにも人工知能が
使われ始めているんですね！

　まず紹介したいのが、運営側の手間をかけずにページ上で「接客」できる、レコメンドツールだ。ECにおいて、基本的にサイトを訪問した人は、検索してたどり着いたページしか見てくれないよね。反対に実店舗なら、気になる商品の他にも要望に合った他の商品や、人気の高い商品をオススメするなどの接客を行うことが可能だ。ECと実店舗の大きな違いだとされていたこの点が、実店舗のような接客を疑似的にEC上でも実現するツールの登場によって変化しつつある。

　例えば、Aさんが過去に購入した商品から別の商品をオススメ表示したり、Aさんと購入する商品が似ているBさんがよく買う商品で、これまでAさんが購入したことのない商品をオススメしたりしてくれる。**消費者の潜在的なニーズを掘り起こしたり、ついで買いを誘発するこのような機能を駆使して売上を飛躍的に伸ばしている企業が増えている**んだ。

ECでも実店舗のように接客ができれば
怖いものなしですね！

　サイト内検索も、レコメンド機能と同様に最近ではとても進化している。**消費者が比較検討しやすいように、商品を探しやすいサイトにすることは重要**だ。今ではECサイトに検索機能があることは当たり前だけど、検索キーワードを入れ

ても期待する商品が出てこなかったり、出たとしてもあまりにたくさんヒットしてしまったりすると、消費者は不便さを感じてすぐに離脱してしまう傾向にある。実店舗で店員さんに「こういう商品を探している」と尋ねたのに、「わかりません」と言われたり、判断しきれない量の商品をオススメされたりすると、買い物する気がなくなってしまうよね。

　検索段階で「子供服」などのように具体的な商品名を直接指定するキーワード

レコメンド機能

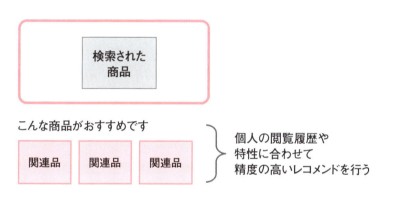

高機能検索システム

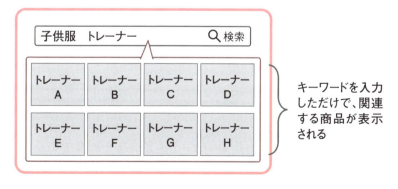

図6-8：接客を向上させるツール

ではない場合、消費者は言わば「ウインドウショッピング」的にサイトを活用している。最近ではこうした使われ方をされているECサイトも多い。そこで、キーワードを入れただけで関連するオススメ商品が表示されたり、検索結果の横に画像つきで商品が表示されたりするなど、クリック率を上げる機能が充実してきているんだ。また、どういうキーワードでどういう結果を表示すればクリック率が上がるかをAIが学習して検索結果に反映させていくなど、サイト内検索の利便性は向上し続けている。

ウィンドウショッピング目的のユーザーに
いかに購入してもらえるかが大事なんですね

　このように、運営側が手間暇をかけずに接客レベルを向上させるツールの活用が自社サイト運営において存在感を発揮し始めている。ある程度自動化させつつ売上を伸ばせるこうしたツールを活用することが、今後の自社ECのトレンドとなっていくだろう。

ワンポイントアドバイス

今回紹介したようなツールを活用することで、本来は「実店舗でしか得られない」ような体験も、ECで提供することが可能になる。積極的に活用しよう

Section 09 ［広告］ 多種多様な広告手法

今回は、自社ECでよく使われる広告について説明しよう。広告は目的に合わせて使い分けることが大切だから、それぞれの特徴を理解しておいてほしい。

自社ECサイトで使う広告には
どんなものがあるんですか？

活用したい広告としては、「**リスティング広告**」、「**ディスプレイ広告**」、「**インフィード広告**」、「**リターゲティング広告**」などがある。

リスティング広告とは、シンプルに説明すると、GoogleやYahoo!など検索エンジンの検索結果画面に表示される広告のことだ（図6-9）。「ユーザーが探している情報」に関連する広告が表示されるため、クリックされやすい。**ニーズが顕在化している消費者にアプローチする際には、特に有効**だよ。なお、リスティング広告のひとつに、ショッピングサイトの商品画像や価格を検索結果画面に直接表示する「商品リスト広告」というものがある。購入に至る確率も高いと言われており、余裕があれば手を出してみたい広告だ。

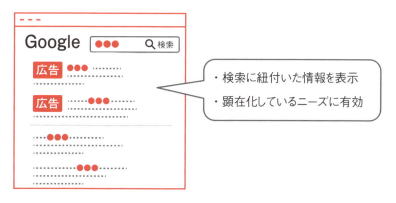

図6-9：リスティング広告

ディスプレイ広告は、Webサイトやアプリなどの広告枠に表示される広告のこ

とだ（図6-10）。商品と関連性が高いサイトやアプリに広告が表示され、潜在顧客にアプローチしやすい。比較的多くのインプレッション（表示回数＝認知）も獲得できるので、**今後売り込みたい商品をアピールするのに向いている**ね。

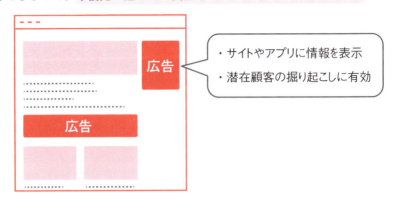

・サイトやアプリに情報を表示
・潜在顧客の掘り起こしに有効

図6-10：ディスプレイ広告

インフィード広告は、ニュースアプリなどの記事の中に表示される広告のことだ（図6-11）。写真とテキストを使って、実際の記事に似た体裁なのが大きな特徴だね。自社のターゲットとする層とサイトの読者層が重なっていれば、広告がクリックされやすい。**出稿するアプリのアクセスを活用できるため、潜在顧客に効率的にアプローチしたいときに有効**だよ。

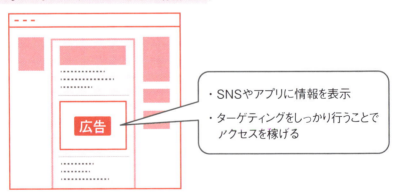

・SNSやアプリに情報を表示
・ターゲティングをしっかり行うことでアクセスを稼げる

図6-11：インフィード広告

最後のリターゲティング広告は、実際にサイトに訪れたユーザーを追跡して、ユーザーが見ているサイトに広告を何度も表示する形式の広告だ（図6-12）。サイトを訪問したけれど離脱してしまったユーザーを呼び戻す手法のひとつとし

て、主流になりつつある。**過去にサイトを訪問したということは、全く興味がないユーザーではなく、ある程度興味を持っているユーザーであることがほとんどなので、費用対効果が高い。**

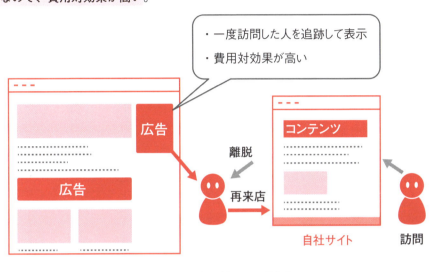

・一度訪問した人を追跡して表示
・費用対効果が高い

広告

広告

コンテンツ

離脱

再来店

自社サイト

訪問

図6-12：リターゲティング広告

これらの広告は
PCでもスマホでも使えるんですか？

　どの広告も、PCとスマホの両方で使えるよ。ただし、リスティング広告はPCで効果を発揮しやすく、インフィード広告はスマホと相性がいいなど、それぞれの特徴はある。ターゲット層のデバイスの利用状況に合わせて、広告を使い分けることが大切だ。

ワンポイントアドバイス

広告にも実に多種多様なものがあることがわかってもらえたと思う。これらをうまく使い分けたり、組み合わせたりすることで、自店なりのベストな広告戦略を考えよう

Section **10**

[リピート施策]

リピーター獲得にまだまだ
有効なメルマガの活用

自社ECで安定的に利益を確保するには、リピーターを増やすことが欠かせない。なぜなら、モールと違い安定的なアクセスを見込めることが少なく、新規顧客の獲得コストに比べて、リピート購入の獲得コストは圧倒的に低いためだ。

特に、化粧品や健康食品のような商品を扱う自社ECサイトや、購買頻度が1年に1回以上あるような商品ジャンルでは、「**リピーターの育成**」と「**2回以上購入者の数**」を意識してほしい。

そして、リピーターを増やすための重要なツールがメルマガだ。メルマガの有効性は、以前と比べて下がってきているとは言われているけど、それでもまだまだ期待できる効果は高い。一度購入してくれるような人は増えつつあるけど、リピーターの増員に苦戦している……などの場合には、メルマガの内容や配信タイミングなどを見直してみると、意外と改善につながるんじゃないかな。

メルマガを効果的に活用するには
どんなことに注意する必要があるんですか?

まず、メルマガの開封率を高めること。いくらお得な内容を盛り込んだメルマガを送っても、開封されないことには全く意味がないからね。そのためには、まず消費者の目に入る「**タイトル**」が最も重要だ。

タイトルは短く、簡潔に言いたいことを書くのが基本中の基本。その中で、【限定セール開始】など、キャッチーな言葉を盛り込むと効果的だ。A／Bテストを繰り返すなどして、開封率の高いタイトルのパターンを見つけていくのも有効だね。A／Bテストを行う際には、表6-1のようなポイントで評価を行うといいだろう。

また、メルマガを配信する曜日や時間を決めて、毎週送ると、開封されやすくなる。これを行うと、消費者が特定の曜日と時間にメールを読む習慣を作ることができる。生活の中に、ショップの存在を浸透させることで、消費者が情報を習

慣的にチェックするだけでなく、親近感も増すはずだ。迷惑がられない範囲で、なるべく頻繁に配信することを心がけてほしい。

効果的なタイミングがあれば知りたいです

配信のタイミングと内容（シナリオ）を作ってメルマガを送る「**ステップメール**」と呼ばれる手法が有効だ。例えば、サンプル会員に対して、サンプルを使い切るタイミングで本製品のキャンペーンメールを送る。さらに、本製品を使い切るタイミングで、定期購入キャンペーンのメールを送り、定期会員へと引き上げる。ステップメールを送るときは、ダイレクトメールやLINEなども合わせて送ると、より効果が高まるだろう。

	ポイント	算定式	目標値
1	開封率	開封数÷配信数	15〜20%
2	送客率（URLクリック率）	URLクリック数÷開封数	15〜20%
3	配信数に対する購入率	購入数÷配信数	0.3〜0.5%
4	開封数に対する購入率	購入数÷開封数	3.0〜5.0%
5	訪問数に対する購入率	購入数÷訪問数	10%以上

表6-1：A／Bテストの際の評価ポイント

ワンポイントアドバイス

メルマガは、結構ないがしろにされがちな手法だけど、使い方を間違えなければまだまだ使える。A／Bテストなどでしっかりと作り込んだメルマガを仕掛けてみると、面白いかもね

Section 11 [リピート施策] DM、カタログを活用するコツ

自社ECを運営する上で、紙媒体の活用が意外にモノを言う。軽視されがちだが、実際に活用してみるとプロモーションの費用対効果を改善できることが珍しくない。そこで今回は、カタログやDM、同梱チラシなど紙媒体の活用法を説明しよう。

Webサイトで商品を売っているのに紙媒体に本当に効果があるんですか?

紙媒体を使うメリットのひとつは、**消費者への到達率や開封率が、メルマガなどのデジタル媒体より高い**ことにある。例えば、DMの封筒に「半額セールのご案内」など、開封したくなるような情報を書くことで、中身を読んでもらえる可能性が格段に上がる。これを見てECサイトへアクセスした場合には、購入意欲がかなり高いということだから、売上アップやリピート率の向上にもつなげることができる。特に、食品ジャンルや美容健康系の商品では、DMやカタログの効果が現れやすいから、これらの商品を扱う場合には活用してみよう。

じゃあ、ガンガン送ってみます!

ちょっと待った。**カタログやDMは、メルマガと比べて費用が高いことがネックなんだ**。だから、費用対効果を最大化するために、売上を伸ばしやすいタイミングで活用する必要がある。例えば、新商品の発売に合わせて既存客にDMを送ったり、父の日や母の日など需要が高まるシーズンイベントに合わせて、特集カタログを送ったりすると効果的だ。ふだんはサイト上やメルマガなどでコミュニケーションを図り、春夏秋冬のシーズンセールなどに合わせてカタログやDMを使うなど、上手に使い分けると費用対効果が高まるよ (図6-13)。

**DMを読んでもらうためには
どのようなことを書けばいいですか？**

　DMの反響率を高めるポイントは、オファー（購入を後押しする特典）をつけて、その期限も明記しておくことだよ。「今月中に定期コースに入会すると、30%OFF！」といったオファーを明記しておくと、読んでもらいやすい。

　また、あるEC事業者はカタログを読んでもらうための仕掛けとして、プレゼント応募券つきのクロスワードパズルを活用していた。商品カタログを読むとクロスワードパズルの答えがわかるようにすることで、カタログを隅々まで読み込んでもらうようにしたんだ。ゲーム感覚で商品のことを知ってもらう、上手な仕組みだよね。また、気楽に捨てにくいような、厚くしっかりとした紙でできたクーポンコードつきの商品券の同封などをしておくなども、オススメの施策だ。

　EC専業の企業は、紙のカタログやDMを使ったことがない場合も珍しくない。でも、メルマガだけではリーチできない消費者もいることは間違いないから、新規顧客の開拓という意味でも、目的に応じてカタログやDMを上手に活用することが大切だよ。

	4月		5月			
			母の日			
メルマガ （コスト：低　効果：中）	●	●	●	●	●	●
カタログ （コスト：中　効果：大）	●					
DM （コスト：中　効果：大）		●				

需要が高まる・売りたいタイミングの直前で「集中的に送ること」が重要!

ここで売りたい!

図6-13：メルマガ・カタログ・DM施策のポイント

ワンポイントアドバイス

ECはWeb上で展開するものだけど、紙媒体はまだまだ有効だ。タイミングをしっかり見計らって、ここぞの場面で施策を打ってみよう

［分析］
スマホ／PC別！
重視すべき分析ポイント

サイトを分析する際には、PCとスマホページで
何か違いを意識するべきでしょうか？

　自社ECサイトの分析においては、まずPCとスマホユーザーの違いを明確に理解しておく必要がある。

　例えば、サイトに流入する検索キーワードを見ても、PCユーザーは商品名やブランド名を直接検索して入ってくる人が多く、スマホユーザーは「○○を治すグッズ」とか「○○の悩み」といった情報を求めて流入してくることが多いんだ。

　また、**スマホユーザーはすきま時間に閲覧することが多いから、少しでも不便さを感じるとすぐに離脱してしまう。商品購入においても低単価の商品などを衝動買いする傾向にあるんだ。対して、PCユーザーは高単価な商品を比較検討する情報を求めており、腰を据えてじっくりと内容を吟味する傾向にある。**だから用意しておくべき情報も違うし、誘導すべきページも大きく異なるんだ。

ユーザーの属性と求めている情報が
全然違いますね！

　では、それぞれのサイトを分析する上で押さえるべきポイントを説明していこう。まず、**スマホサイトで特に大事なのが、売れている商品に「早く」、そして「簡単に」たどり着いてもらうことだ。**新規流入の多いページをGoogleアナリティクスで確認したら、ページの閲覧状況をヒートマップ分析ツールで確認して、誘導したいと考えているページの動線となるバナーが閲覧されているか、クリックされているのかなどを確認する。新規流入が多いのに誘導したいページへの誘導率が低いページに関しては、改善を行うことで購入率が大幅に上がる。また、せっかく商品購入の機会を得ても、入力フォームの項目が多かったり、入力しづらい

状態になっていたりすると、PCに比べて離脱率が高くなってしまう。だから、**エントリーフォームの最適化（＝EFO）がとても重要なんだ。**

　PCは、情報が薄いと判断されるとすぐに離脱されてしまう傾向にある。だから、ページをしっかり作り込み、情報量を上げることで「**滞在時間**」を伸ばすことが有効なんだ。もちろん滞在時間だけを確認しても改善できるわけではないので、逐一ヒートマップを確認して、ページの重要ポイントでちゃんと目が止まっているかを確認するのが基本だ。

　このように、**スマホで注意すべきなのは離脱率、PCは滞在時間**、というように商品購入につながるポイントは大きく違うから、しっかり分析を行って改善を続けてほしい（図6-14）。

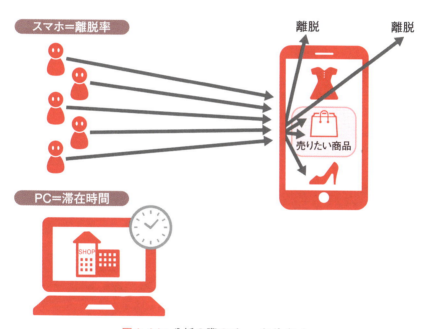

図6-14：分析の際のチェックポイント

ワンポイントアドバイス

注目するべきポイントして、スマホは「離脱率」、PCは「滞在時間」とは言ったけど、何もこれに固執する必要はない。基本的な原則を踏まえながら、柔軟に分析を行おう

[分析]
リピート顧客育成のための
分析法「RFM分析」

リピーターを増やす「顧客育成」について考えているんですが、メルマガ以外にも何かできることってあるんでしょうか?

　顧客育成を考える上ではECと実店舗で違いはそんなにない。例えばアパレルの店舗の場合、接客の際にお客さんの名前や前回買った商品を覚えていて、それに合わせた商品を提案してくれたり、会員ランクに合わせたキャンペーンを実施したりするよね。**ECでも同様に「それぞれのユーザーに合わせた接客」を「個別に」実施することが基本となる**んだ。では、どのような人が来店していて、どのような買い物をしてくれるのかを分析するためにはどうすればいいだろう?

**ユーザーデータや購入履歴なら
社内システムに入っていると聞いたことがありますが……**

　そう、そのデータを生かして分析を行うんだ。その際、

最終購入日×購入頻度×購入金額

という3つの指標から分析を行う。この分析方法を「**RFM分析**」という。**最終購入日（Recency）、購入頻度（Frequency）、購入金額（Monetary）**のデータを表に落とし込み、ユーザーのランクを把握して、ランク別にアプローチを変えることで個別対応を実現していくんだ。例えば、【最終購入日が最近×購入頻度が高い×購入金額が高い】、こんなユーザーは「**優良顧客**」だよね。逆に【長期間購入していない×購入頻度も低い×購入金額も低い】ユーザーは「離反客」、以前までは優良顧客だったが、長期間購入していないユーザーは「**カムバック顧客**」……というように分類していく。それぞれアプローチ方法が異なるのはわかるよね?
　RFM分析を行って分類ができると、目的に合わせた個別対応を行うことができ

るんだ。反対に、分析ができていないと、自社ブランドを知り尽くしている優良顧客にわざわざ自社商品のよさを伝えてしまうことになり、失礼に当たってしまうこともあるから、きっちり分類を行っておくことが重要だよ。

なお、すぐにRFM分析を行うことが困難な場合でも、最低でも次の3つは見ておこう（表6-2）。

・3か月以内の再購入率
・3回目までの引き上げ率
・年間累計購入金額

分類した後には、リピート顧客獲得のため、具体的なニーズ別のアプローチ手順（シナリオ）設計を行おう。例えば、食品系のECだとイベント時のギフトで新規は増えやすい。そこからもう一度購入してもらうためには、ニーズに沿った施策が必要だ。「ギフトのみ利用したい」というニーズであれば、また来年購入してもらうか、似たようなイベントがあれば訴求を行える。よい商品だと思って自分用に購入しているニーズであれば定期購入につなげる。こうして、RFM分析を行うことで入口商品から利益率の高い商品までをどういう順番で買ってもらうか、その商品を紐付けるために何をするかを考えることができるのがメリットだ。

購入頻度（F）×購入金額（M）

	多い	普通	少ない
最近	優良顧客		カムバック顧客
最近は購入がない	カムバック顧客	離反顧客	
長期間購入がない			

最終購入日（R）

表6-2：RFM分析でユーザーをセグメント化する

ワンポイントアドバイス

何も購入頻度が高く、最近購入している人だけが対象とするべき顧客ではない。むしろ、昔購入していたのに最近は購入してくれない……といった部分にこそ、チャンスがあるかもしれない。眠っている顧客を逃さないように、しっかり分析は行おう

コラム 知っておくべき商品ジャンル別の売り方【スポーツ・アウトドア・DIY】編

・スポーツ、アウトドア用品

【傾向】

　スポーツやアウトドア用品のECでは、「品揃え型」よりも競技などの分類で専門性を掘り下げた「専門店化」が進んでいます。

【売り方】

　購入者が実際に使用している写真や動画などをSNSに投稿してくれるコミュニティなどを用意しておくと使用感が伝わります。他の人の商品選びの参考になるなど、「顧客の囲い込み」という意味でも効果を期待できるでしょう。ブランド品のアウトレットなどを集客商品にしながら、ひとつひとつの単価が低いながら利益は確保できるようなグッズを買ってもらうことが利益を上げていくための基本戦略となるでしょう。また、これらの商品ジャンルはメルマガ購読率が比較的高い傾向にあります。少なくとも毎週1回以上は情報発信を行い、そのタイミングで新商品の情報などもサイト上でリリースすると効果的です。

・DIY用品

【傾向】

　DIY用品の販売では、実際のショールームなどを作り、そのショールームでリフォームなどを考えている人が商品の現物を確認できる場を作るような、ECと実店舗の連携が増えています。また、商品だけでなく、工具などの関連する全ての商品がひとつのショップで全てが揃うような品揃えが求められています。

【売り方】

　購入した材料を使って、自分で作れるようなレッスン会を行ったり、それらの情報をSNSやブログでコンテンツとして発信するような、周辺の取り組みがよく使われる手法です。工具などについてはすぐに必要なものも多いので、エリア限定の当日配送や翌日配送ができる仕組みも必要になるでしょう。商品ページでは、個々の商品を陳列するだけでなく、実際に使用しているイメージ写真や短い動画もスマホのページにたくさん乗せることで購入率が高まります。

楽天市場の傾向と対策

Chapter

7

[商品]
集客商品を作り込むべき理由

もともと集客に強い楽天市場で
集客商品を作るメリットって何でしょうか？

　メリットは、2つある。ひとつは、売上実績ができることによって検索順位やランキングなど、**楽天市場内での露出が増えること**だ。いくらモールへのアクセスが多くても、自社商品までたどり着いてもらわないと意味がない。そしてもうひとつが、**顧客名簿の拡充**。とにかく、一度買ってもらえれば次回買ってもらえる可能性が高くなり、リピート購入による利益につなげることができる、という考え方だ。

　だから、**集客商品は検索順位やランキングで上位に表示されるよう露出が多いものでなければいけない**。まだ自社のECショップの規模が小さなうちは、A・B・Cと3つの商品があったとして、それぞれがまんべんなく売れるよりも、Aが70％、BとCが15％ずつ、くらいの方が露出が増えて売上を作りやすいんだ。もし、「一番人気の商品が売れても利益があまり出ない」というような場合でも、その商品を広告塔として捉えて、他の商品で利益を伸ばしたり、リピートにつなげて利益を確保したりといった戦略も楽天市場では効果的となる。大切なのは「**集客商品をひとつに絞る**」ことだ。

具体的には、集客商品を使って検索順位を
どう上げればいいんでしょうか？

　楽天市場の検索順位では「これまでの累計売上」ではなく、「直近の売上」が優先される傾向がある。
　集客商品としてよく使われるのが「季節商品」なんだけど、この場合には検索され始めるタイミングが重要になる。「楽天キーワードランキング」というものが

あって、そこで1000位くらいに入ることが、よく検索されているキーワードとしての目安になっている。例えば「浴衣」と検索され始めて1000位を超える目安は3月末くらい。浴衣は、売上ピークを迎えるのが5月くらいだから、その2か月前から検索は始まっているということだ。このタイミングに遅れると、競合の露出が先に始まることになり、ピークを迎えるまでにその差分がかなり大きくなってしまうんだ。そうなると、売上ランキングがどうしても低くなってしまうから、自社商品の露出が増えづらくなってしまう。

　検索順位が高いとアクセスが上がる→アクセスが上がると売上が伸びる→売上が伸びると検索順位が上がりランキングも上がる→するとさらに露出が増えてアクセスが上がる……このサイクルに早く乗せることが、楽天市場では重要なんだ（図7-1）。売れている店舗などでは、すでにこのサイクルに入っていても、他の追従を許さないようにさらに販促をかけて、サイクルが回るのを加速させている。だから、可能な限り早く世に出していくスピードが重要なんだ。

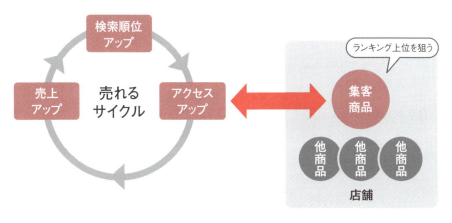

図7-1：集客商品で「サイクル」を作る

ワンポイントアドバイス

そもそもの集客に強いからこそ、その集まった客をしっかり捕まえるために、集客商品を作り込むべきなんだ。しっかりと「売れるサイクル」を回していけるようにしよう

ギフト、イベントに対応した商品作りのコツ

イベント時期に新規顧客を獲得する商品には
どんなものがあるんでしょうか？

　年間を通して行われる季節イベントには、バレンタインデー、ホワイトデー、母の日、父の日、お中元、敬老の日、ハロウィン、お歳暮などが挙げられる。この中でも楽天市場で勢いのあるイベントは「**ギフト需要**」が高まるもの。一方のハロウィンなどでは、手頃な値段で手に入る衣装くらいしか動かないため、ギフト関連より売上は伸びない傾向にある。

　また、楽天市場では、「**お買い物マラソン**」や「**スーパーセール**」など、モール内が大きく活気付くタイミングが年に4回以上も存在している。まずは、これらのイベントに合わせて消費者に選ばれるギフト商品を開発することを念頭に置こう（図7-2）。

　ただし、「ただ商品を詰め合わせただけ」の単純なセット商品は絶対に避けよう。イベントのタイミングでは、当然ギフト商戦に乗り出す競合店も多数存在する。そんな中でただ商品を詰め合わせただけでは、新たな顧客を獲得するには至らず思ったような効果を出すことはできない。だから、母の日であれば、商品が届いたときの満足度をアップさせるために、母の日専用のギフトボックスを作成したり、花をセットにして販売したりと、ひとひねりを加えてみよう。これならば、「花を贈りたい」と考えている層にも選んでもらえる可能性も高まる。

　このような施策で新規顧客を獲得するのと平行して、商品理解やブランド理解を深める施策も打てれば最高だ。商品やブランド理解を深めるための同梱物を封入するだけで、効果がある。その際にも、ギフト商品自体の開発と同様に、ただ売りたい商品の案内だけを同梱してもすぐに捨てられてしまい、効果が見込めない。食品であれば、素材についての詳しい説明や店舗の歴史などを同梱物で伝えるだけでも、商品の美味しさをより強く感じてもらえ、満足度を向上させるのに

効果があるから、リピートにつなげることができるだろう。年数回のビッグチャンスを逃すことなく、購入後のファン作りも想定したギフト商品作りを心がけよう。

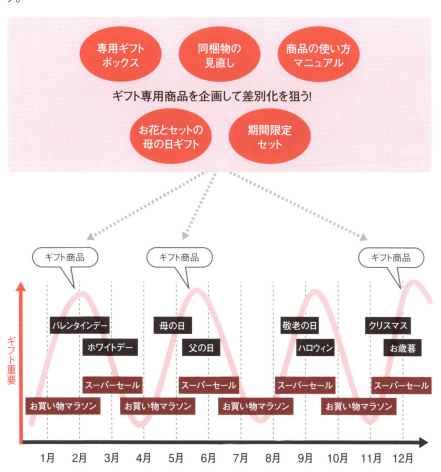

図7-2：楽天市場で展開されるイベントのタイミング

ワンポイントアドバイス

楽天市場で大きなチャンスとなる「イベント」。しかし、せっかくのチャンスに、おざなりな商品を展開してはもったいない。イベントの際には、気合を入れた商品をぶつけるようにしよう

[集客]
検索で上位表示されるための基本方策

今回は、楽天市場のモール内検索エンジンの基本的な仕組みや、商品ページを検索結果の上位に表示させる方法を説明しよう。

楽天市場内での検索表示の最適化は
どの程度重要なのでしょうか？

楽天市場のユーザーの多くは、欲しい商品を探すときにまず検索を利用する。また、ショップのアクセス数の半分から7割程度がモール内検索経由と言われている。だから、ショップのアクセス数を増やすには、検索表示の最適化が欠かせないんだよ。

2017年10月現在、検索結果の1ページ目に表示される商品数は、広告を除くと45個。ユーザーの大半は1ページ目に表示された商品をクリックするから、検索対策を実施するときには、検索結果の1ページ目に入ることを目指してほしい。

ちなみに、検索結果の上位3つは広告枠だ。「**CPC広告**」と呼ばれるクリック課金型の広告で、広告主がキーワードごとにクリック単価を入札する。高い金額を指定した商品ほど、上位に表示される仕組みだよ。手っ取り早く検索エンジンで露出させるには、この広告を使うことが有効方法となっている。

広告を使わずに、検索結果の順位を
上げることはできないんですか？

もちろん広告を使わずに上位表示させる方法もある。広告を使わずに表示される商品ページの表示順位は、主に商品の「**売上金額**」で決まる。売上金額以外にも「**ページ内の商品名・商品説明文の最適性**」、「**レビュー**」、「**送料無料**」といった要素が絡むけど、現在は売上が順位に与えている影響度が高いとされている。

売れている商品が検索結果の上位に表示されるからには、販売実績が乏しい商

品や、新商品をいきなり上位に表示させることはできない。**新商品は、まずは広告を使って露出を増やし、販売実績を積み上げていくことが必要**だ。広告を使って売上が伸びれば、「標準」の検索順位でも上位に表示されるようになり、いずれ広告を使わなくても売れるようになる。モール内の検索対策は、広告と自然検索対策の両方にバランスよく取り組むことが大切だよ。

　ちなみに検索で上位表示させる検索最適化のコツは、**よく使われる検索キーワードであるにもかかわらず、競合店が検索最適化を施していないキーワードを見つけ出し、商品ページの商品名やキャッチコピーにルールに沿って適切に入れること**。これができれば、販売実績が少ない商品でもモール内での露出を増やすことは可能だよ（図7-3）。

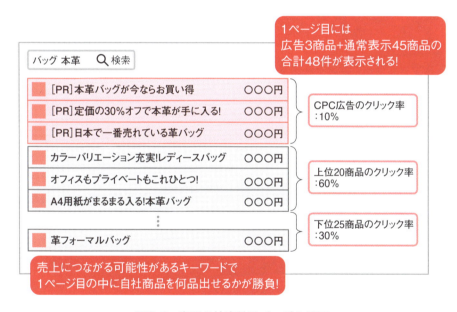

図7-3：楽天の検索結果ページの概要

ワンポイントアドバイス

とにもかくにも1ページ目に商品を表示させないことには始まらない。そのためには、広告と検索最適化をしっかり行うことが必要だ。しっかりとニーズを分析し、キーワードを盛り込もう

楽天市場ならではの集客ルートを知ろう

楽天市場で売上を伸ばすには、モール内の検索最適化が重要だということを前回説明したね。楽天市場の出店者が押さえておくべき集客ルートは、検索のほかにもいくつかある（図7-4）。今回は、それらの集客ルートからのアクセス数を増やすポイントを解説しよう。

楽天市場では、検索ページ以外に
どんなページからアクセスが集まるんですか？

検索以外だと、「ランキングページ」が非常にアクセス数の多い人気コンテンツだ。ランキングに掲載されると一気に露出が高まり、商品ページのアクセス数が跳ね上がることが多い。そして、「ランクインした」という事実そのものが、高いプロモーション効果を発揮する。

ランキングにも「デイリーランキング」や「リアルタイムランキング」などいくつかの種類があって、一定期間における売上実績（金額や数量）によって順位が決まる。最近の潮流としては、**広告とキャンペーンを集中的に展開し、短期間で売上を大きく伸ばす手法がよく使われている**。また、細かいテクニックの話になるけど、予約注文をたくさんとっておいて、1日でまとめて出荷すれば、デイリーランキングに入りやすくなる。

「楽天アフィリエイト」というのもあるんですよね？

楽天市場専用のアフィリエイトプログラムのことで、ブログなど外部のサイトから集客する方法だね。これは、集客力の高いアフィリエイターをいかにつかむかがポイントだ。そのためには、アフィリエイターに払う成果報酬を魅力的に設定する必要があり、商品の利益率や、競合店が設定している料率などを踏まえて、

戦略的に設定したい。また、売れている商品はアフィリエイターに取り上げてもらいやすい。アフィリエイターの立場からすると、売れる商品ほど報酬を得やすいから、紹介するモチベーションが高くなる。

　何度も言っているように、**現在の楽天市場では「売れている商品が、より売れる」という傾向が顕著**だ。だから、露出が増える→売上が伸びる→さらに露出が増える……という好循環を作り出すことが成功への近道となる。また、同じ店舗で再度購入するリピート比率も高まっている傾向にあることも覚えておこう。スマホ購入が増える中で、最初から新しい店舗を探すより、すでに購入経験があり安心して買える店舗を「**お気に入り登録**」や「**過去の購入履歴**」から探して流入してくる比率が高まっているんだ。

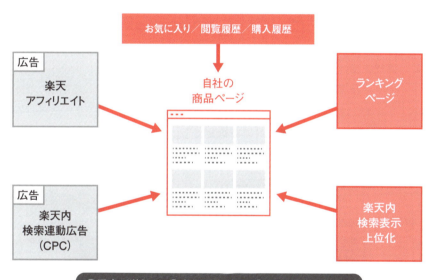

図7-4：商品ページへの流入経路はこんなにある!

ワンポイントアドバイス

 数多くの集客ルートを紹介したけど、やっぱり「売れる商品」を作ることが、たくさんの集客につながる。このことは理解しておこう

［ページ作り］
楽天市場における
ページ作りの基本

楽天市場のページ作りのポイントには
どんなものがあるんでしょうか？

　情報収集に時間をかけて購入する人の多い自社 EC とは少し違い、モールで買い物をする層は、商品知識についてそこまで深いものを持っていないことが多い。一例としては、「**特典が好きな30代～40代の女性**」を意識して作るのがオススメだ。こうしたターゲットを相手にする場合は、相手の興味をなくしてしまうことなく、最後までページを読んでもらう必要がある（図7-5）。

　そのためにはまず、最上部に「**売りのポイントを詰め込んだ**」大きめの写真があるといいね。特に、女性を想定して、商品の使用イメージが重点的に伝わるような写真を入れてほしい。そして、そのすぐ下には、楽天市場内のランキングや販売実績かレビューを入れるのが主流だ。この実績部分がないと、売れ行きが落ちるので、まずはひとつの商品だけでもいいので「ランキング1位」、「レビュー4.5以上」などの実績を作ってほしい。

　ここまでは比較的どのモールでも似たようなところがあるが、楽天に限ったものとして、写真を中心に商品のこだわり部分を「より強調する」訴求要素を入れてみよう。座椅子のような商品であれば、「裏面のすべり止め」や「折りたたみのギア」といった、「**へぇ～、そうなんだ**」というコンテンツを入れていくのがコツだ。

　他にも、ポイントやクーポンなど「**今買うメリット**」の訴求や実際のサイズを細かく記載しておくことも重要だ。モールの場合に特に問い合わせが多いのは、梱包状況やサイズについての事柄だからね。できるだけ詳しく書いておこう。

スマホ対応についてはどうでしょうか？

　楽天市場のスマホページでは、画像を横にスライドすることで20枚のバナー画像を入れることができるようになっている。**画像は入れれば入れるほど購入率が上がっていく場所でもある**ので、きっちり盛り込んでおこう。その際、スマホで見ても文字が読みやすいように、大きめの文字サイズに設定して作っておくといいだろう。

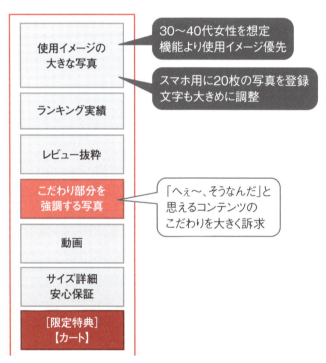

図7-5：楽天市場のページ作りの基本

モールは、比較的ライトな買い物層が利用する。このことを理解し、衝動買いなどを誘発できるような作りにしておくことが基本となる

[ページ作り]
楽天市場で売れる商品写真の加工ポイント

今回は、商品ページに使う写真の注意点を説明しよう。写真のクオリティによって売上が大きく変わることも少なくないから、しっかり覚えておいてほしい。

楽天市場では
どんな写真を使えばいいですか？

商品ページの写真を作るときは、スマホの画面で見やすい構図や、文字の大きさを意識することが何よりも重要だ（図7-6）。掲載する写真は、必ず事前にスマホでの見え方をチェックしてほしい。

このときに注意すべきことは、**PCページ用の画像をそのままスマホ用に使わないこと**だ。2種類の画像を作ると手間がかかるからという理由で、PCページの写真をそのままスマホページにも使っているショップも少なくない。でも、PC用の画像をスマホの画面で見ると、商品の細部が見にくかったり、文字が小さすぎて読めなかったりすることがよくある。

特に、写真にキャッチコピーや商品スペックなどの文章を盛り込む場合、PCページ用の素材はスマホの画面では何が書いてあるのかほとんど読めなくなってしまうこともある。画面に表示された文字が読めないと、ユーザーの不満が高まって購入率が大幅に下がるなど大きな損失が発生する。PCと同じ写真素材を使うにしても、トリミングなどの加工を施してスマホの画面で見やすくする工夫は欠かせないだろう。**最低でも文字の大きさを調整するなどはしてみるべきだよ。**文字の大きさを考えるときも、Googleが公表しているスマホサイトにおける適正なフォントサイズなどを目安にすれば難しいことはない[1]。

---

[1] https://developers.google.com/speed/docs/insights/UseLegibleFontSizes?hl=ja

PCのものを使い回すのではなく、スマホページに適した
写真をしっかり作らなくてはいけないんですね

　もし写真を2種類も作る余裕がなければ、**スマホページ用の画像を先に作って
PCページに流用してもいい。**スマホでもPCでも、モールでは文字を長い時間読む比率は低下して「画像」中心に短時間で吟味して購入する流れは止まらないので、写真加工は今後も重要度が増してくることを理解しておこう。

■スマホ向け写真のポイント（食品）

ポイント
①中身（実物）がわかる
②ボリューム感が伝わる
③美味しそう

■スマホ向け写真のポイント（バッグ）

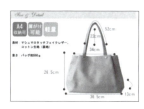

ポイント
①伝えたい特徴が
　まとまっている
②サイズなどの細かい
　情報も明確に

図7-6：「売れる」写真の例

ワンポイントアドバイス

モールのユーザーは、ライトな層が多いからこそ、「写真」というわかりやすい要素がキャッチになる。そこをうまく利用してみたいところだ

[ページ作り]
1ページでも多く回遊して もらうためのポイント

すでに流通額の6割を超えているスマホにおいて、ページ作りの重要性はこれまで以上に高まっているんだ。そこで、今回はスマホサイトで重要視されている回遊性を楽天市場において高めるページ作りを教えよう。楽天市場では、回遊率が高まるにつれて購入率が上がるというデータも出ているから、しっかり押さえておいてほしい。

スマホサイトの回遊性を高めるには どんな施策が有効なんですか?

商品ページからの回遊率を高めるためには、ページ内に「類似商品」や「色違い・サイズ違いの商品」、「関連商品」などの回遊バナーを貼ることが有効だ。楽天市場の検索エンジンから商品ページへと流入したユーザーに色違いの商品や類似商品などを提案することで、自社ショップ内の他のページも見てもらいやすくなる。また、商品自体のバナーではなく、「ランキング情報」や「セール情報」などのバナーを貼ることも回遊率アップに効果的だろう。

楽天市場の検索結果からショップへと流入したユーザーは、その商品が気に入らなければ検索結果画面に戻ってしまうことが多い。せっかくショップにアクセスしてくれた人を、みすみす他店に奪われてしまうのはすごくもったいないよね。だから、関連商品やオススメ品をたくさん並べたり、ページ下部の他のカテゴリーへ誘導するバナーのアイコン表示を工夫したりすることが有効なんだ。

回遊性を高めるためのバナーは 商品ページのどこに貼ると効果的ですか?

バナーは、商品ページのカートボタンの手前に貼ると最大の効果を得られる。商品ページの内容を下まで読んで「イメージと違ったから、この商品を買うのは

やめておこう」と感じて離脱しようとしたユーザーに対して、カートの手前で様々な商品をオススメすることで「うちのお店は他にもこんなにいい商品を売っているんですよ」と伝えるのがポイントだ（図7-7）。

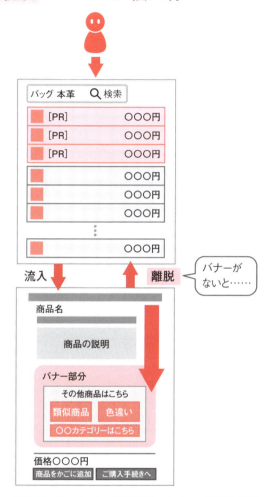

図7-7：スマホページは離脱されない作りが重要

ワンポイントアドバイス

ある商品に興味を持ってもらえなくても、矢継ぎ早に違う商品を提案することで回遊性は格段に上がる。そのためには、可能な限り多く商品を用意しておくといいだろう

[ページ作り]
高単価商品も販売できる ページ作りのコツ

　一般的に高単価の商品を売るのにはモールよりも自社ECサイトの方が適している傾向にあるが、**楽天市場は他のモールよりも高単価の商品を売れる確率が高い**。今回は、楽天市場で高単価商品を販売するコツについて解説しよう。

どんな施策を打てば高単価の商品が売れるんですか？

　楽天市場で高単価商品を販売するときは、

①**購入に対する心理的ハードルを下げる**
②**商品やショップへの信頼感を高める**
③**離脱した人に再度アプローチする仕掛けを作る**

という3つの施策が有効だ（**図7-8**）。具体的な方法について順番に説明しよう。
　まず、購入に対する心理的なハードルを下げるには、「**今、この店で商品を買うべき理由**」を感じてもらう必要がある。そのためには「限定クーポン」を発行したり、「期間限定のポイント還元セール」を告知したりするのが有効だ。また、楽天ランキングで1位を獲得したことを掲載するなど、その商品が流行していることをアピールするのも効果的だよ。とにかく、今が旬であることをアピールしてみよう。
　次に、商品やショップに対する信頼感を高める施策について説明しよう。最近では、動画を使って商品の特徴や使い方を説明したり、商品の製造工程や原材料の産地情報などを動画で公開したりすることで商品への安心感を高めるショップが増えている。また、累計販売個数などの実績を掲載したり、購入者のレビューを掲載したりすることも信頼獲得につながる。社員の顔をサイトに出すことも高額品を購入する顧客に安心感を与える重要な要素だよ。

モールで購入する抵抗感をなくすことが
大切なんですね

　そうだね。でも、こうした施策を打ってもサイトを訪れたユーザーが1回で購入に至るとは限らない。だから、**一度訪問したけれども離脱してしまった見込み客に対して、もう一度アプローチすることがとても重要**なんだ。一度でもページを訪問してくれたユーザーは、商品に対する関心が高いからね。

　見込み客へ再度アプローチする方法としては、メルマガが有効だ。ただし、楽天市場の基本機能ではユーザーのメールアドレスをショップ側が取得できない。したがって、商品ページ内に「**メルマガ登録フォーム**」を独自に追加しておく必要がある。また、商品のお気に入り登録機能を活用するのも有効だ。ユーザーが商品をお気に入りに登録すると、再入荷やクーポン発行などの情報をユーザーに通知することができるようになるからね。

　高額商品を買うときは購入までの検討期間が長くなる。検討期間中のユーザーをしっかりフォローして、疑問や不安を解消してあげることが成功の鍵になるはずだ。

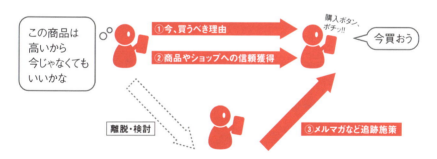

図7-8：高単価商品を販売するための施策

ワンポイントアドバイス

高単価商品を販売するためには、流入してきた人を逃がさないことが重要だ。一期一会の精神で、ユーザーを追跡してみよう

安定して集客するための広告活用法

楽天市場では、どの広告をどのように運用すればいいのでしょうか？

　楽天市場には、検索連動型広告である「**楽天CPC広告**」、「**楽天CPA広告**」に加えて、最近では、過去にショップを訪問してくれた客層と近い属性に配信し、ショップを訪問した人に追跡型で配信する機能を持った「**楽天ダイナミックターゲティング広告**」、簡単な設定でそのショップに合った客層に自動でクーポン広告を配信してくれる「**クーポンアドバンス広告**」など多種多様な広告が存在する。また、毛色は少し異なるが、楽天市場に出店する全ての店舗はアフィリエイト広告も行っている。

全ての店舗がアフィリエイトを行っているんですか？

　楽天市場では、出店するとアフィリエイトにも同時に登録されるため、必ず全ての店舗が登録していることになる。通常、アフィリエイトの料率は1％に設定されていて動かすことができないんだけど、「**アドバンスオプション**」に申し込むことで、料率を1.1％から99％まで設定することができるよ。1.1％以上に設定することで「**高料率ショップ**」として認定されるんだけど、楽天アフィリエイトの検索画面では、料率を5％以上に絞り込んで検索するアフィリエイターが多いため、5％以上から設定することが効果的だ。

　株式会社いつも.の分析では、楽天市場全体におけるアフィリエイト経由の売上が、全体の3割にもなるショップがあり、見逃すことのできない領域だ。単純計算で、これまでアフィリエイト経由での売上が全体の3割に達していないショップは、**料率をしっかりコントロールすることで3割程度まで売上の伸びしろがあ**

るということにもなる。

　楽天市場での広告の中でも、**広告効果が見えやすくてオススメなのが楽天CPC広告だ**（図7-9）。

　集客競争の激化が著しい**モールで売上を伸ばしていくためには、アクセスを増やすことがとても重要になる。**中でも、楽天市場はモール内検索結果からのアクセスが5〜7割程度と圧倒的に多いため、ここで上位表示させることが売上アップのための近道となる。

　上位表示させるためには、様々な条件があるんだけど、前にも説明したように、「売上実績」はとても重要な要素だ。だからこそ、**まだ実績の少ない商品や新商品を売るためには検索ワードに連動して、検索結果の上位に商品を強制的に露出できる楽天CPC広告の活用が売上のステージアップには外せない**んだ。

CPC広告について
もっと詳しく知りたいです

　CPC広告は、指定したキーワードが検索されると、それに連動して検索結果の上部に広告を表示できるシステムだ。CPCとは「Cost Per Click」の頭文字で、クリック単価のことを指す。「実際にクリックされたとき」に広告費用が発生する、**「クリック保証型」**と呼ばれる広告のタイプだ。

　昨今はECにおいてスマホ比率が高まっているけど、スマホの場合には検索結果のファーストビューで見られる件数が少ない。だから、PCに比べて検索結果の中でもより上位に表示させる必要があるため、CPC広告の重要性が増しているんだ。広告金額の設定画面でデバイスごとに配分を調整できるので、デバイス別の購入率によっては表示配分調整を行って広告効果を高めることも可能だ。

　楽天市場でCPC広告を表示させる方法には2つの選択肢がある。ひとつは、設定した広告対象ページに対して、**検索されるキーワードを楽天市場側が判断して「自動で」広告を表示する方法。**もうひとつが、**キーワードを自社で「指定して」運用する方法**だ。いずれの場合でも、ユーザーが検索したキーワードに合致した商品ではないと判断された場合、クリックして課金が発生しても、すぐ離脱されてしまうから注意しよう。

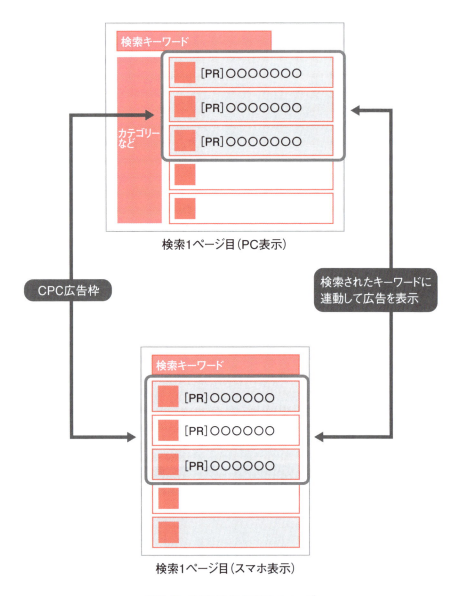

検索1ページ目（PC表示）

CPC広告枠

検索されたキーワードに
連動して広告を表示

検索1ページ目（スマホ表示）

図7-9：CPC広告の表示イメージ

例えば「ワンピース　赤」と検索したのに、表示されたサムネイルが黒のワンピースだと、そもそもクリックすらしてもらえないから、広告の効果は期待できない。しかし、このときに万が一クリックされてしまった場合、課金が発生しても商品ページのファーストビューに赤色のワンピースがなければその場で離脱されて、広告費だけが発生してしまう。購入には至らないのに広告費だけ徴収されてしまい、とてももったいないことになってしまうんだ。

だから、**自動表示させる場合には「除外キーワード」をしっかり設定しておこ**う。検索の際にはキーワードが混ざってしまうことが多々あるから、無駄なクリックを呼んでしまいそうなものを除外して広告効果を高めていく必要がある。

また、**広告欄に表示されるサムネイルと広告文は自社で作成する必要がある。**実際に競合がどのようなサムネイルと広告文を作っているかを確認して、他社に掲載がない部分で自社に強みがある内容を盛り込むなど、より魅力的なものを作成する必要があるだろう。

最後になるが、**広告効果を上げるためには、どのキーワードからの流入が購入に至ったのかを知る必要がある。**しかし、楽天市場の通常の管理画面ではそこまでの詳細なデータをリサーチすることはできない。

そこで活用したいのが、CPC広告の「**パフォーマンスレポート**」だ。パフォーマンスレポートでは、どのキーワードでの流入が購入に至ったのかだけでなく、広告がクリックされてから720時間が経過するまでの「**広告対象商品の売上**」や「**その他商品のショップ内売上**」などを確認できる。また、これらの情報だけでなく、「**商品の買い物カゴへの到達率**」などもしっかり把握できるため、かご落ち対策の検討にも役立てることができるんだ。

なお、2017年10月現在、パフォーマンスレポートの利用は、広告のクリック数が「**1～1万6666回**」の場合には1クリックにつき6円、「**1万6667回以上**」の場合には一律**10万円**の料金がかかる。広告のクリック数が多い店舗は、よく検討してから導入するようにしよう。

ワンポイントアドバイス

広告を出す際に最も注意したいことは、「広告をしっかりマッチさせる」こと。せっかく流入されてもすぐに離脱されては、元も子もない。そのためには、事前の分析が重要だよ

Section
10

[イベント]
イベント時に考えておくべきこと

楽天市場のイベント時に必要なことには
どんなものがあるんでしょうか？

　まず行うべきことがイベントを通した**「売上目標金額の設定」**だ。前回のイベント時に300万円を売り上げたのであれば、今回の目標を500万円に設定する、などのように**目標を設定して、そこから「目標を達成するためには何を行えばよいのか」を考える**ようにしよう。この目標設定を行うことは、イベントにおける「勝ちパターン」を作っていく上でもとても重要なことだから、**目標を設定せずに何となく前回と同じイベントを行うのではなく、必ず目標達成のために何を行うべきか考えるようにすることが重要**なんだ。

では、目標達成のためには何を行えばよいのでしょうか？

　イベント時の目標を達成するためには、**「企画」**と**「集客」**が重要となる。まずは「企画」から考えてみよう（図7-10）。

　企画を行う際には、その企画が新規獲得のためのものなのか、リピーターに向けた企画なのかを明確にして、その**ターゲットに向けた「特別感」を提供することがポイント**だ。このポイントを押さえておかないと、「じゃあポイント10倍にしましょうか」など特別感のないありきたりな企画になりがちだ。もちろん、しっかりと考え抜かれた末に「ポイント10倍」という結論に至ったのなら問題ない。しかし、特に新規客を狙ったイベントの場合には、入口となる商品に初回購入限定特典をつけたり、初回限定クーポンをつけたりなど「初めて買うあなた」にとってお得な企画を考えた方が効果的だろう。

　リピーターを狙う場合には、客単価が高くなる傾向を生かして、「〇万円以上の

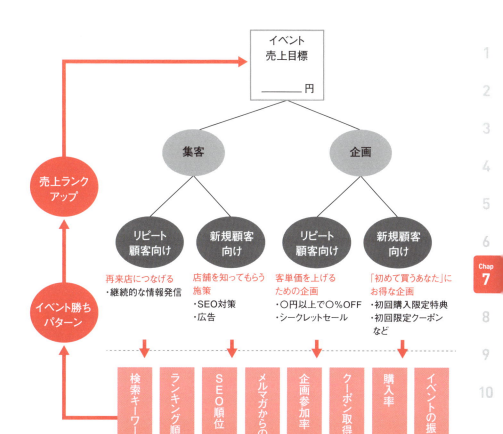

イベント
売上目標

―――円

集客　　　　　　　　　企画

リピート
顧客向け　　新規顧客向け　　リピート顧客向け　　新規顧客向け

再来店につなげる
・継続的な情報発信

店舗を知ってもらう施策
・SEO対策
・広告

客単価を上げるための企画
・○円以上で○%OFF
・シークレットセール

「初めて買うあなた」にお得な企画
・初回購入限定特典
・初回限定クーポンなど

売上ランク
アップ

イベント勝ち
パターン

検索キーワード　ランキング順位　SEO順位　メルマガからの購入率　企画参加率　クーポン取得率　購入率　イベントの振り返り

図7-10：イベントの際にやるべきこと

購入で○%OFF」というような、買えば買うほどお得になる割引や、会員限定の
シークレットセールの告知、タイムセールの先行情報の送付など、「リピーターな
らでは」の特典を用意する必要がある。こうしたリピーター向けの企画を定期的
に立案しておかないと、「新規にばかり手厚くてリピーターが損をしている」と感
じられてしまい、せっかくつかんだリピーターが店舗から離れてしまう危険性も
あるから、**新規客向けとリピーター向け、お互いのイベントのバランスを考えな
がら立案してみよう。**

次に、「集客」について。こちらも企画と同じく新規向けとリピーター向けに別

Chap
7

Chapter 7　楽天市場の傾向と対策　**201**

個のものを考える必要がある。新規の集客に関しては、「店舗を知ってもらうこと」から始める必要があるため、モール内検索最適化対策や広告などが有効な策となるだろう。一方、リピーターの場合には、イベント時に即時的な集客施策を行うのではなく、ふだんから継続的な情報発信を行っておくことが重要だ。リピーターに対しては「購入を習慣付けてもらうこと」がポイントだからね。

新規とリピーターで別々にイベントを作り込めばバッチリなんですね！

　いや、実はここまでは、あくまでも準備段階の話なんだ。イベントを活用して売上ステージを上げていくために最も重要なのが、イベントで行った企画や集客の「**振り返り**」だ。新規客が購入する入口商品に限定企画を行ったとすれば、企画を行う前に比べて購入率はどう変化したか。また、初回限定クーポンを企画したなら、クーポンの利用率や取得率はどうだったか。やる前の値と結果とをしっかりと見比べていくことが重要だ。リピーター向けも同じく、実行した企画がどれくらい利用されたか、メルマガによって何件の購入が生まれたか、しっかりと振り返りを行う。

　このような**振り返りを行うことで、効果がなかったのであれば次のイベントの際の課題となり、効果があったのであれば自社の勝ちパターンとして蓄積して、次回以降も継続して行うことで、着実に売上を伸ばしていくことができる**ようになる。

　振り返りをしっかり行っているショップは、意外と少ない。イベントの検証としてこれまで振り返りを行ってこなかったのであれば、まずは現状を知ることから始めてみよう。そこからイベントの目標を立て、これまでの「売上の壁」を突破するノウハウを得れば、売上は必ずアップするはずだ。

ワンポイントアドバイス

イベントは、「目標設定」と「企画」の時点で成功か失敗かがほぼ決する。このことを肝に銘じておこう

楽天市場で分析を行う際には、何をすればいいでしょうか？

楽天市場における分析の大きな特徴は、何と言っても自社のデータだけでなくモール全体の売上データを活用できる点だ（図7-11）。

例えば、「ジャンル別の成長性」の分析を行いたい際には、自社のデータと楽天市場全体で成長しているジャンルを見比べることができる。そのため、楽天市場

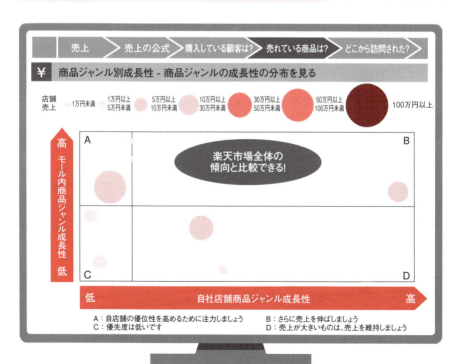

図7-11：ジャンル別成長率の比較データ画面イメージ

全体で伸びているジャンルなのに、自社の商品がまだ伸びていない、いわば伸びしろのあるジャンルを見つけるといったことも、簡単にできるようになっているんだ。

　さらに、**設定しておいたジャンルの商品が「新規」で買われたのか、「リピート」で買われたのか、についても確認できる**ため、たくさんの新規客が購入している商品の場合には、入口商品として伸ばすために広告を積極的に出したり、リピートにつながっているような商品の場合には、新規顧客に対してリピートを促すメルマガで訴求したりするなど、実際の数値に基づいた具体的な施策を実行することができるんだ。

楽天市場全体のデータを見ることができれば
今のポジションがわかっていいですね

　また、売上の方程式である「アクセス数（人数）×購入率×購入単価（客単価）」というそれぞれのデータに紐付いた細かな数字も深く確認することができるから、それぞれの数字が上下した原因を細かく追求することができるんだ。

　それ以外にも、PC・スマホ別のデータ、検索順位の推移など細かく確認することができるため、原因を突き止めることでアクセスをアップさせるための対策を打つことができるようになるんだ。

　この分析において重要なのが「**商品ページごとのアクセス人数**」と「**ページ転換率**」だ（図7-12）。楽天市場は、商品ページからショップへのアクセスが多く、ショップのアクセスが急落している場合には、特定の商品ページのアクセスが落ち込んでいる可能性が高い。また、ページ転換率（購入率）については、どのページに来た人が商品購入につながっているのかを簡単に知ることができるため、購入率アップに貢献しているページに注力して爆発的に売上を伸ばすことも夢ではない。さらに、ページごとのアクセスと同時に確認することで、アクセスがあるのに購入率が低い場合はページの内容自体に改善が必要だとわかるだろう。

　他にも、PCとスマホとで見比べて、スマホの値が低い場合などにはスマホページの改善が必要だ……というように、データを分析して改善していくことができるんだ。

図7-12：分析画面は「アクセス人数」と「ページ転換率」に注目!

ワンポイントアドバイス

ここまで楽天市場の具体的な施策を紹介してきた。楽天市場は日本国内において圧倒的な存在感を示すモールだから、ここでしっかりと成果を出せるようにしよう!

コラム 知っておくべき商品ジャンル別の売り方【下着・アクセサリー】編

・下着

【傾向】

　最近、EC業界では、「補正下着」がトレンドになっています。補正下着とは、自分の体型などが気になる人が、それを整えて見せるために着用する下着のことです。多くの企業が、新鮮さのある新しいキャッチコピーで、機能性や悩み解消を訴求し、商品の特徴を打ち出しています。

【売り方】

　補正下着を中心とした「高機能性商品」と呼ばれるジャンルの商品は、その内容やサイズ感を細かく打ち出したページ訴求が重要になります。商品ページ作りにおいては、レビューなどを積極的に集めてページに表示することが有効です。下着は同じ傾向の商品を買うことが多いので、商品購入のタイミングや、商品購入の傾向などしっかりセグメントして、それぞれに合致したメルマガやDMを送るなど、「パーソナライゼーション」の発想が必要になるでしょう。

・アクセサリー

【傾向】

　アクセサリージャンルでは、石やチャーム、金具などのパーツと、アクセサリー用の工具や接着剤を買って、「自分で作る」というのがトレンドになっています。また、アクセサリーは身につけるものだけではありません。バッグにつけるチャームや、スマホケースにつけるアクセサリーなども人気が伸びています。

【売り方】

　上記のトレンドに乗るためには、実店舗などがある企業の場合には店舗を有効に活用し、「アクセサリー自作講座」などと銘打ってイベントを企画するといいでしょう。実店舗を持っていない場合でも、販売しているパーツを使って自分でアクセサリーを作れるように、「アクセサリーの作り方」のようなページを作ったり、オススメの組み合わせを紹介する動画をたくさん作って公開したりすることも効果的です。

Amazon の傾向と対策

Chapter

8

Section 01 ［店舗運営］
配送スピードが優位性を生む

Amazonのモール内検索では、**配送スピードが速いショップが検索結果の上位に表示される**ような仕組みになっている。これは、Amazonが配送スピードをとても重視していて、配送日数が短いショップを「顧客満足度が高い優秀なショップ」だと判断しているためだ。

だから、**Amazonに出品する場合には、出荷日数を可能な限り短くする必要がある**。検索順位を上げたいなら、遅くとも受注後1〜2日で出荷できるような仕組みを確立することが必要となるだろう。

自社の努力で配送スピードを上げることは難しくないですか？

確かに、大企業でもない限り、自社の範囲で配送網を整備し、配達のスピードを高めることはなかなか難しいよね。そこで、配送日数を短くするために有効な手段のひとつが、Amazonが提供する物流代行サービス「**FBA（フルフィルメント by Amazon）**」だ。これは、在庫をAmazonの倉庫に預けておき、出荷作業をAmazonに委託することで、Amazonとほぼ同等の配送スピードを実現できるサービスだ。

さらに、**FBAは土日も含めて24時間365日、出荷に対応してくれる**。土日出荷を行うと、平日しか出荷しない場合と比べて売上が1〜2割増えることも珍しくない。出荷スピードを上げるだけでなく、売上を伸ばす上でも、FBAは非常に有効だと覚えておいてほしい。

ただし、FBAは在庫の保管料や出荷の委託費などがかさむため、売上規模が小さいEC事業者などは利用することが難しい場合もあるだろう。その場合には自社で出荷を行い、Amazonの「**マケプレプライム**」の基準を満たすことを目指そう。

「マケプレプライム」って何ですか？

Amazonとほぼ同等の基準で出荷するEC事業者が商品ページに「Prime」マークをつけることができる制度だよ。2017年10月現在、

①対象地域へのお急ぎ便の提供
②日本全国への通常配送無料の提供
③Amazon上で追跡が可能な配送方法の利用
④Amazonのポリシーに基づく返品・返金対応
⑤Amazonによるカスタマーサービス、返品受付の提供

の基準を満たすと認められる。

　AmazonにおいてPrimeマークは、プライム会員専用のサービス対象商品であることを示すマークだ。プライム会員であれば無料配送や即日配送などの優遇を受けられるため、Primeマークに絞り込んで商品を探すことが多い。だから、**Primeマークがついている商品の方が売れやすい**（図8-1）。また、**プライム会員から検索されやすくなるだけでなく、出荷スピードが速いため自然検索の順位も上がる。**FBAを利用することが難しい場合は、まずはマケプレプライムを目指してみるといいだろう。

図8-1：配送スピードを上げて「カート」を確保する

ワンポイントアドバイス

ここからは、Amazonでの施策を紹介していく。成長著しいモールだから、内容をしっかり理解して、その勢いに乗り遅れないようにしよう

商品ページで
気をつけるべきこと

Amazonで売上を伸ばすには、商品ページを作り込むことも大切だ。検索結果の順位が上がってアクセス数が増えても、ユーザーがサイトから離脱してしまっては売上が伸びないからね。

**商品ページの購入率を高めるには
どんなことに注意すればいいんですか？**

Amazonの商品ページにおいて、特に重要なコンテンツは「**商品画像**」、「**商品説明文**」、「**商品紹介コンテンツ**」の3つだ。この3つは、商品ページを訪れたユーザーが特によく見るコンテンツだから、しっかり作り込んでほしい。

Amazonの商品画像には、いくつかのルールがある。まず、商品画像の1枚目は背景が無地で、商品全体が鮮明に見える写真を使わなくてはいけない。

しかし、2枚目以降はある程度自由なので、キャッチコピーや装飾なども使って商品の魅力をしっかり伝えてほしい。また、**画像のズーム機能（マウスオーバーした部分が拡大される機能）**を利用するには画像サイズが「**1000ピクセル以上**」必要だ。**ズーム機能があった方が購入率は高まりやすい**から、極力1000ピクセル以上の画像を使うようにしよう。

次に、商品説明文を書くときのポイントについて。商品説明文とは、文章と箇条書きから構成される部分のことだ。ここには、商品のスペックや特徴を書くのはもちろんのこと、ユーザーからよく聞かれる質問への回答となる要素を盛り込んだり、レビューで評価されていることをアピールしたりしてみるといい。説明文は、Amazon内の検索対策にもなるから、検索されやすいキーワードを散りばめることも意識しよう。

3つ目の「商品説明コンテンツ」とは、Amazonの商品ページを下までスクロールすると出てくる「商品の説明」というコンテンツのことだ。スマホの場合は、「説明文」と合わせて「この商品について」という部分に表示される。この部分で

は、ブログのような機能で商品画像と詳細説明の文章を入れることができる。Amazonでは楽天市場のようにショップ間の差をつけにくいが、この商品説明コンテンツは店舗の努力によって差別化できる部分となるので、最大限活用して購入率アップにつなげたい（図8-2）。

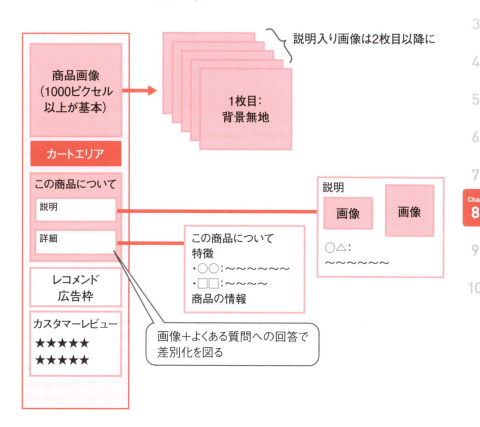

図8-2：Amazonの商品ページイメージ（スマホ）

[ページ作り]
「信頼性」の構築の重要性

Amazonにおいて、購入率を上げるために非常に重要な商品ページのコンテンツのひとつが「**ユーザーレビュー**」だ（図8-3）。商品ページのレビューが20件程度を超えると、信頼性が高まり、購入率が上がってくる。**たとえ「星1つ」という低評価のレビューがついていたとしても、レビューが0件のショップよりも購入率が高いことも多い**んだ。

レビューを獲得することには、もうひとつのメリットがある。それは、**レビューから「商品に対する世間の実直なニーズ」を読み取ること**ができることだ。商品に対する感想や要望、不満などを分析すれば、自社で開発した商品であれば商品開発に生かすことができるし、そうでない場合でも、配送や顧客対応などに関するレビューをショップ運営の改善に役立てることもできるはずだ。

たくさんレビューを集めるには、どうすればいいんですか？

まず、商品を買ってくれたユーザーに「**フォローメール**」を送って、レビューの投稿をお願いするのが一般的な方法だよ。**レビューを書いてもらうために商品サンプルをプレゼントしたり、レビューを書いてもらう代わりにクーポンを付与したりすることは規約で禁止されている**んだ。フォローメールを自動送信できる外部システムなどもあるから、そういったものを上手に活用して、効率的にレビューを集める工夫をしているショップも増えてきているよ。

ちなみに、米国のAmazonでは「**早期レビュープログラム**」と呼ばれるレビュー収集システムを提供している。これは、出店者がAmazonに費用を支払うと、Amazonがレビュー依頼メールをユーザーに送信するサービスのことだ。この場合、レビューを書いたユーザーはポイントを獲得できる。そのため、短期間でたくさんのレビューが集まる場合が多い。

早期レビュープログラムは日本ではまだ始まっていないけど、Amazonは、米国で実装されたサービスが半年から1年遅れで日本に導入されることが多いから、近いうちに日本でも実装される可能性が高い。導入されたらすぐに活用したいところだね。

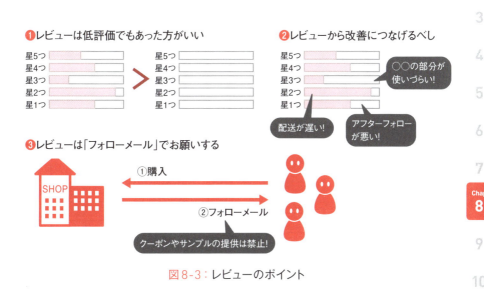

図8-3：レビューのポイント

　信頼性を高めるために知っておきたいことはまだある。Amazonに出品しているショップは「**アカウントの健全性**」と呼ばれる指標によって、Amazonから評価されていることを知っているかな？

いいえ、知りませんでした！
アカウントの健全性って何ですか？

　アカウントの健全性とは、出品者のカスタマーサービスや出荷パフォーマンスの質を数値化したものだ。数値は、出品者の管理画面上に表示されているから、自分で確認することもできるよ。評価される項目には、

・**出荷遅延率：規定日数で出荷できなかった割合**
・**出荷前キャンセル率：受注後に店舗側の都合でキャンセルした割合**

- ・出荷不良率：不良品や誤配送などで正しい商品が届かなかった割合
- ・追跡可能率：配送番号を入れた割合
- ・回答時間：顧客からの問い合わせに24時間以内に回答した割合
- ・レビューの点数

などがある。

「アカウントの健全性」の数値が悪くなると
どうなるんですか？

　モール内検索結果へ表示される順位が下がったり、マケプレプライムのマークが使えなくなったりするなど、集客において圧倒的に不利になるんだ。

　Amazonの出品者には小規模事業者も多く、売上が短期間で急激に増えると、ユーザーからの問い合わせへの対応に時間がかかったり、出荷遅延が増えたりすることが結構ある。こうした出品者のミスが増えれば、Amazon自体のブランドに傷がつく。

　Amazonはそれを避けるために、アカウントの健全性が低い出品者の検索結果順位を下げてしまうんだ。また、あまりにも点数が悪いと最悪の場合、アカウントを停止されてしまう場合もある。Amazonは顧客満足度を非常に重視していて、出品者にも高い水準のサービスを求めている。**出品者は、アカウントの健全性の数字を常にチェックし、自社の弱い部分を把握して、継続的にサービスの改善に取り組むことが大切だよ。**

ワンポイントアドバイス

Amazonで信頼性を構築するために必要なのが、レビューと、アカウントの健全性の確保だ。いろんなショップが林立しているからこそ、しっかりと自店の信頼性をアピールしよう

Section 04 ［ページ作り］ ベンダーセントラルで提供される様々なメリット

　Amazonで商品を販売する場合には、出品モデルの「**セラーセントラル**」と、商品をAmazonに卸売りする「**ベンダーセントラル**」の2種類がある。Amazonが仕入れて販売するベンダーセントラルの流通額はすでに1兆5000億円程度に成長していると言われているので、Amazonにおいてこれから事業拡大を狙うなら、数多くのメリットがあるベンダーセントラルの契約を目指したい。

> ベンダーセントラルは誰でも契約できるんですか？

　ベンダーセントラルの契約をするには、Amazonから招待状を受け取る必要がある。招待状を受け取るにはAmazonで一定以上の販売実績が必要だと言われているよ。実際に契約するのは、大手メーカーが多い印象を持たれがちだけど、出品モデルのセラーセントラルでビジネスを始めたEC事業者が、ベンダーセントラルの契約をするケースも増えてきている。ベンダーセントラルへ切り替えるタイミングとしては、「想定より売れる」実績が出たときや、他の企業が自社製品をたくさん販売している場合などがオススメだ。

> ベンダーセントラルには
> どんなメリットがあるんですか？

　ベンダーセントラルの契約を結ぶと、**注文処理や出荷などをAmazonが代行してくれる。また、Amazonが提供している販売促進プログラムやデータ分析機能などを利用することも可能だ。**プライム会員向けの「お急ぎ便」や「当日お急ぎ便の無料配送」などの対象にもなる（図8-4）。

　また、ベンダーセントラルに登録することで、専用の管理画面を使用できるようにもなるよ。セラーセントラルに登録した場合でも専用の管理画面を使えるよ

うになるが、ベンダーセントラルの方が様々な機能が充実している。例えば、ベンダーセントラルに特有の機能としては、レビューを獲得する「vine（バイン）」というプログラムがある。これは、商品サンプルなどを無償でユーザーに提供し、レビューを書いてもらう仕組みだ。レビューは「バインユーザー」と呼ばれる、事前にサービスに登録しているユーザーが書く。

　バインを利用することにより、短期間で多くのレビューを集めることができるんだ。**Amazonでは、レビューが20件以上集まると購入率が上がる傾向にある**から、短期間で驚くほどに売上を伸ばすことも可能だよ。

　また、ベンダーセントラルに登録した場合、商品ページに「**メーカーより**」というコンテンツ枠が用意される。この枠では、画像や文章を使って商品を詳しく説明できるだけでなく、自社がAmazonで販売している他の商品ページにリンクを貼ることもできるから、関連商品や付属商品などを紹介し、ついで買いなどを誘発することも可能だ。

図8-4：ベンダーセントラルの仕組み

ワンポイントアドバイス

ベンダーセントラルは活用しない手がないほど便利なシステムだ。本腰を入れてAmazonで事業展開したい場合には、試験的にでもいいから導入してみよう

［広告］

スポンサープロダクト広告の活用ポイント

Amazonスポンサープロダクト広告ってどんな広告なんですか？

　Amazonスポンサープロダクト広告とは、CPC広告の一種で、検索画面に表示された広告をクリックすると課金されるものだ。Amazonの出品アカウントを持つと閲覧できる「**Amazon出品大学**」のコンテンツでも、「**商品掲載→商品ページへのアクセス増加→売上増→検索上位表示→商品ページへのアクセス増加**」というサイクルを回すためにスポンサープロダクト広告が効果的であることを掲載しているくらいなんだ（図8-5）。特に、**まだ実績が少ないような商品や新商品な**

Amazonが推奨する売上アップの流れ

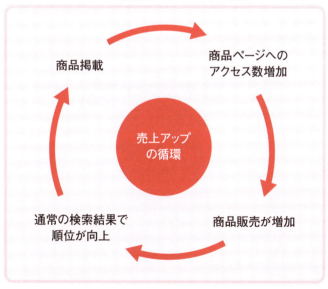

図8-5：スポンサープロダクト広告でサイクルを加速させる

どを売るためには、広告を出して強制的に上位表示させることができるスポンサープロダクト広告がとても重要になってくる。

スポンサープロダクト広告で効果を出すためには
どんなことに注意する必要があるんでしょうか？

現在、スポンサープロダクトの広告表示は、検索結果の最上部や、商品ページに表示されるような仕組みになっている。パッと見では広告らしくない表示のため、クリック率は高い傾向にあるよ。注意しておくべき点としては、この表示の「位置」が挙げられるだろう（図8-6）。PCとスマホやアプリでは表示のされ方が異なり、表示方法もよく変わるので常に気を配っておく必要がある。また、一度上位表示できたとしても、そこで安心せず常に1ページ目に表示させられるように運用する必要があるんだ。また、「PCのみ」や「スマホのみ」といった表示は設定ができないので、実際に運用開始する前の段階で表示を細かく確認する必要がある。

なお、現時点でAmazonのスポンサープロダクト広告は他のモールにあるCPC広告と比べてクリック単価が非常に安く、最低2円からと、低予算で始められるというメリットがある。ただし、中古商品など、広告を利用できない商品カテゴリーも存在しているため、運用時にはしっかり確認してから出稿するようにしよう。

スポンサープロダクト広告の運用方法には
どのような特徴があるんですか？

大きく2つに分けられる。ひとつは、自社でキーワードを選定する「マニュアルターゲティング」で、もうひとつがAmazonが自動で選定してくれる「オートターゲティング」だ。それぞれ一長一短があるから、しっかり見極めて運用しよう。

マニュアルターゲティングの長所は、効果のある個々のキーワードに対し入札額を設定できて、登録キーワード数に制限がない点が挙げられる。短所としては、検索キーワードを予測して設定する必要があるため、どのようなキーワードが最適なのかを見極めるためのリサーチに時間がかかることだ。対するオートターゲ

ティングの長所は、まず何よりも設定が簡単なこと。さらに、マニュアルでは想定しにくいようなロングテールのキーワードに対しても、自動的に広告を掲載してくれるのも強みだね。短所としては、全ての検索キーワードに対して入札額が同一設定されるため、入札額が高いキーワードの場合には不向きな点が挙げられる。実際の運用のされ方としては、**基本的にはオートターゲティングを利用し、月額の広告費用が30万円以上かどうかを目安にして、マニュアルターゲティングでキーワードの効果を見ながら入札の設定やキーワード追加をするケースが多い**よ。

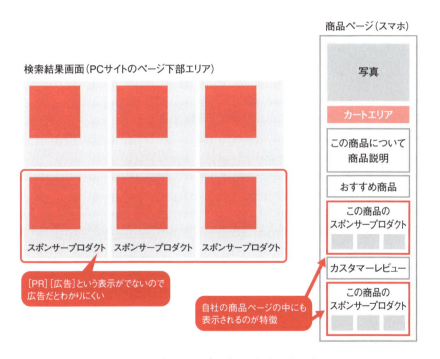

図8-6：スポンサープロダクト広告の表示位置

ワンポイントアドバイス

スポンサープロダクト広告は、Amazon特有の広告手法だ。Amazon内で売上アップのサイクルを回すために、ポイントを押さえておこう

［分析］
Amazonならではの
データ分析ポイント

Amazonのデータを分析しようと思ったら
管理画面のどこを見ていけばいいんでしょうか？

　Amazonにおいて、データ分析に使えるものはたくさんあるんだけど、それぞれ概要の異なる7種類のビジネスレポートの内、「**売上ダッシュボード**」は特にチェックしておきたいデータだ。売上ダッシュボードは、

・店舗の売上傾向をグラフでわかりやすく確認できる
・数値の変化をとらえやすい
・期間、カテゴリー、出荷経路ごとに絞り込み表示が可能

という特徴がある。管理画面の［レポート］から［ビジネスレポート］をクリックして、左に表示されるリストの［売上ダッシュボード］から確認できるよ。
　Amazonを運用していく上で、日々の流れをつかんでおくことはとても重要で、毎日確認することでちょっとした違いに気付くことができるようになる。データとしては日別・週別・月別で見ることができるんだけど、次の指標に関しては特に重要だから、毎日チェックして店舗の情報を敏感に察知しておこう。

・セッション（アクセス人数）
・カートボックス獲得率
・ユニットセッション率（購入率）
・注文商品点数
・注文商品売上

　これらの指標の中でも「**カートボックス獲得率**」は特に重要だ。毎日確認して、

カートボックスを確保できている・できていないという基本的な大雑把な判断だけではなく、もし確保できていた場合にはその比率が何%なのか、また、売りたい商品のカートボックスがとれていなかったり、割合が急激に減っていたりする場合には、それがなぜなのか、などを分析するようにしよう。チェックすべき数値や知っておくべきものについては表8-1にまとめておいたから、しっかり覚えておこう。

指標	指標の意味	内容・活用ポイント
セッション	商品ページを表示した人数の合計	ページ別のセッション数を確認して、セッションの少ないページの改善などに使われる。なお、24時間以内の複数訪問数はひとりとカウントされる
カートボックス獲得率	商品ページのカートの一番最初に表示されている比率	複数ある商品のうち、一番上に表示されている比率。売上に大きく影響する指標として重視されている
ユニットセッション率	購入率	この値が高い商品は、効率的に売上が獲得できている商品とみなされる。売れている要素を分析し、ユニットセッション率が低い商品の改善に役立てることが可能
ASIN別	Amazon独自の商品ごとにつけられる番号	「ASIN」は、Amazon Standard Identification Numberの略。10桁の英数字で商品に付与される管理番号で、JANコードに近い役割として運営に使われる
ACoS	広告経由の総売上に対する広告費の割合	Amazon独自の広告の効果を表す指標として分析画面に表示され、「支払総額/総売上×100」で計算できる。例えば、10万円投資して30万円売れた場合は、ACoSが33%という指標になり、数値が低ければ低いほど、費用対効果が高いという意味になる

表8-1：その他の知っておくべきAmazonの指標

ワンポイントアドバイス

Amazonは、独自の数値や指標が結構あるが、それぞれをよく見てみると難しいものはほとんどない。ここでしっかり勉強しておこう

コラム 知っておくべき商品ジャンル別の売り方【食品】編（その1）

・肉類

【傾向】

　肉類は、定期的に買う人が多く、「牛肉を買うなら○○」、「豚肉なら△△がいいね」というような、消費者に選ばれるようなショップになることが目標です。また、定期的な購入だけでなく、まとめ買いをする人も一定数います。

【売り方】

　こうしたことを考えると、500円などの「ワンコイン商品」を作って新規顧客が購入しやすい環境を作るといいでしょう。手軽な価格で購入できるお試し商品があると初めて購入する人も手を出しやすく、新規顧客の獲得率も上がるはずです。その一方で、しっかりと利益を確保するためには、「リピート対策」も重要です。多くのショップでは、「毎月29日は肉の日」などとイベントを企画して、毎月買ってもらうようなイベントを仕掛けています。冷凍庫などに保存しやすいように、100ｇで小分けするなどのサービスも取り入れてみるとよいでしょう。商品ページでは、お肉や加工品を調理した「シズル感」を重要視して、美味しそうな写真を使うようにするのがポイントです。

・魚類

【傾向】

　魚は、お盆やお正月といった「人が多く集まるとき」に、たくさん売れるタイミングがあります。イベント時以外の平常時には、「本日獲れたてのものを直接配送！」や「昨日港に揚がった鮮度抜群の魚介セット！」など、「鮮度感」のあるものを「おまかせ品」にした商品が非常に人気です。

【売り方】

　したがって、これらのイベントに合わせてまとめ買いができるような商品があると、新規顧客の獲得にも、利益の確保にもいいでしょう。商品ページには、漁師が実際に漁や釣りをしている写真、加工場で箱詰めしている写真などを添えて、「鮮度感」を徹底的に訴求します。現地が見える演出を行うようにしましょう。

Yahoo!ショッピングの
傾向と対策

Chapter

9

［集客］

Yahoo!ショッピングならでは の集客ルートを知ろう

今回は、Yahoo!ショッピングの集客ルートについて説明しよう。Yahoo!ショッピングの主な集客ルートとしては「モール内検索エンジン」、「ランキング」、「広告」、「Yahoo!JAPANのポータルサイト」などがある（図9-1）。

その中でもどの集客ルートが重要なんですか？

最も重要な集客ルートは、やはりモール内検索エンジンだ。Yahoo!ショッピングでは、検索を行うとデフォルトで「おすすめ順」に表示されるようになっているんだけど、この際にはモールのアルゴリズムに評価された自然検索の結果と広告に準じて結果が整列される。他のモールと同じだね。そのうち自然検索の結果については、楽天市場と近く、「売上金額の多い商品」が上位に表示されやすい。つまり、売れている商品が、より目立つ仕組みになっているんだ。

また、検索結果に表示される広告メニューについては、クリック課金型の「ストアマッチ広告」と、商品が売れた際に販売金額の一定割合を広告費として支払う「PRオプション」があることを覚えておこう。

モール内検索エンジンに次いで重視すべき集客ルートは、デイリーランキングやウィークリーランキングなどのランキングページだ。ランキングページは注目度が高いため、掲載された商品の売上が伸びやすい。ランキングに掲載されるためには、一定期間で売上を伸ばすことが必要なので、基本的には広告を活用することになる。

具体的には、モール内のセールに合わせて広告費を投下したり、ポイント倍率を上げたりすると、短期間で売上が跳ね上がりやすい。Yahoo!ショッピングは5日、15日、25日にセールを開催していて、セール期間中はユーザーが一気に増える傾向があるから、そのタイミングでプロモーションを仕掛けるのが基本だよ。

広告も、見逃すことができない集客ルートだ。Yahoo!ショッピングでは、楽天

やAmazonで重要だと紹介した検索連動型の広告以外にも、バナー広告や企画広告など、様々な種類が提供されている。自社の商品の特性を見極めて、集客ルートを増やしていきたいね。

　最後に、Yahoo!JAPANのポータルサイトも押さえておこう。**ポータルに広告を出してみると、本来はなかなかリーチできないような「モールの外」から集客することが可能**だ。Yahoo!JAPANのトップや検索結果画面にも、キーワードに関連したYahoo!ショッピングのショップが表示されることがある。この枠への露出は、出店者がコントロールできるわけではないけれど、ここもYahoo!ショッピングでの実績がある商品が掲載される場合が多いので、モール内で実績を作って露出を期待したところだね。

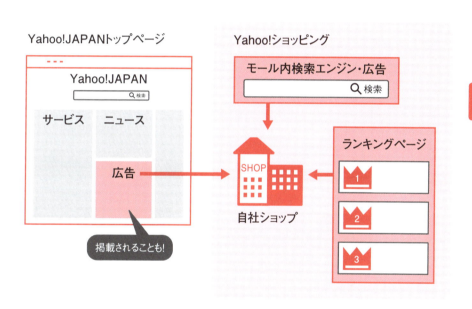

図9-1：Yahoo!ショッピングでの集客ルート

ワンポイントアドバイス

 参入障壁が低いこともあり、競合ひしめくYahoo!ショッピング。だからこそ、ここで紹介したような集客ルートへの理解が重要になってくるよ

[集客]

競合がひしめく中で活用したい広告

Yahoo!ショッピングの広告でまず活用したいのが、**ストアマッチ広告**だ。これは、楽天やAmazonの説明にも登場したCPC広告と言われる検索連動型の広告で、検索画面やカテゴリー検索画面に表示された広告をクリックされるたびに広告費を支払うシステムになっているんだけど、他モールで提供しているCPC広告とは少し違う特徴がある。

運用する側として意識すべき最も大きな違いは、**キーワードの指定ができない**点だ。楽天市場やAmazonであれば「ワイシャツ」などとキーワードを指定することで、そのキーワードで検索が行われた際に広告を表示させることができる。一方、**Yahoo!ショッピングでは運営側が自動的に判断して広告を表示する方法しかない**。だから、ワイシャツを販売しているページでも、「ワイシャツ」というキーワードで検索されたときに広告が表示されない可能性もあるんだ。なお、どのキーワードで広告が表示されているかを確認するためには、管理画面から確認することができる。実際の広告効果も確認できるようになっているから、常に効果を確認しながら運用するように心がけよう。

ストアマッチ広告と合わせて活用したいのが、**PRオプション**。PRオプションはストアマッチ広告と違い、実際に商品が購入された場合のみ広告費が発生する「成果報酬型」の広告で、**2017年10月現在は商品価格に対して支払う広告費の料率を最大30%まで自由に設定できる。設定する料率が高ければ高いほど商品の露出を増やすことができる**んだ。ただし、利用に際して独自の審査などがあることに注意しよう。

PRオプションの最大の特徴は、「PR」や「広告」といった文字が表示されないこと。自然検索なのか広告なのか、ユーザーからは見分けがつかないのが特徴なんだ。現在、Yahoo!ショッピングのモール内検索の上位は、PRオプションの広告が大半を占めていると言われているよ。

ちなみに、検索結果画面は、ストアマッチ広告として表示される「ストアのイチオシ」が検索結果の上部に最大5件、下部に最大3件表示されるんだけど、そ

の広告を除いて、表示される検索結果は20件。この20件のうち、PRオプションが表示される枠数は決まっていないため、フタを開けてみると半分以上PRオプションの結果が表示されている可能性も、なくはない。

Yahoo!ショッピングは、eコマース革命に伴う利用料の無料化で、参入障壁が低く店舗数も多いことから、広告を使わずに検索結果の上位に商品ページを表示させることは、難しくなりつつある。この点は、検索上位表示化の工夫の余地が大きい他のモールとは異なると言えるだろう（図9-2）。

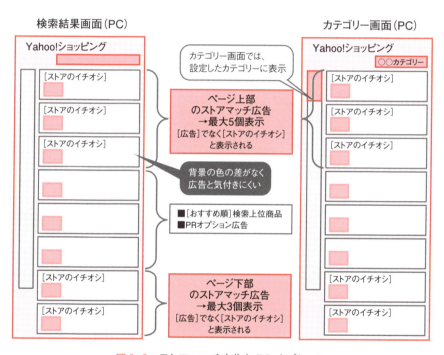

図9-2：ストアマッチ広告とPRオプション

ワンポイントアドバイス

Yahoo!ショッピングの広告は、あからさまに広告だとわかりづらいのが特徴だ。だからこそ、積極的に活用してみるといいだろう

[ページ作り]
ページの構造と客層を理解しよう

今回は、Yahoo!ショッピングにおける商品ページ作りのポイントを解説しよう。売れる商品ページを作るには、ページの構造や客層を理解した上で、最適化することが必要だ。

Yahoo!ショッピングのページにはどんな特徴があるんですか？

　Yahoo!ショッピングは、商品ページの上部にカートボタンが配置されているのが特徴だ。カートの周辺は、ユーザーから特に閲覧されやすい部分だから、カート周りに魅力的な写真や商品の強みを掲載したい（図9-3）。また、ショップ内のカテゴリーページなどへの誘導バナーを貼って、回遊性を高めることも有効だ。
　そして、商品ページを作るときは、モールの客層の特徴も踏まえる必要がある。**Yahoo!ショッピングは、他のモールと比較して年齢層が高い男性ユーザーの比率が多い**ことを押さえておこう。また、Yahoo!JAPANの代表的なサービスである検

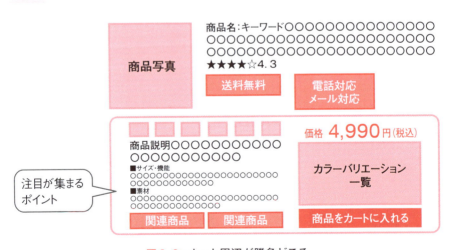

図9-3：カート周辺が勝負どころ

索エンジンやポータルサイト、Yahoo!ニュースなどは、中高年層がPCから利用している率も高い。こうした背景もあって、Yahoo!ショッピングは、他のECモールと比べると、中高年男性対策をいかに行うかが売上アップのカギを握るんだ。

実際、**Yahoo!ショッピングでは、他のモールでの人気が比較的低い「パソコン」、「自動車パーツ」、「DIY」ジャンルの商品がよく売れる傾向にある。反対にファッション雑貨や美容商材といった若年女性向けの商品は、売れにくい傾向がある。**

こうした客層の特徴を踏まえると、**年齢層が高い男性を意識してページを作ることも必要**だと言える（図9-4）。例えば、PCを販売するなら、PCを手にすることで可能になる「YouTubeで動画を見ることができる」、「文書を作れる」といった、基本的なことをあえて説明することで、ユーザーの購買意欲を掻き立てるのもひとつの手だ。また、商品ページの後半に「注文してから商品が届くまで」の流れを記載したり、「保証体制」なども手厚く表示したりしておくと効果的だ。

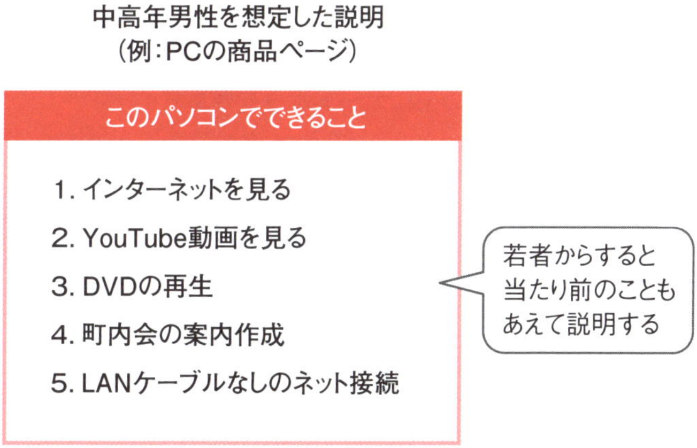

中高年男性を想定した説明
（例：PCの商品ページ）

このパソコンでできること

1. インターネットを見る
2. YouTube動画を見る
3. DVDの再生
4. 町内会の案内作成
5. LANケーブルなしのネット接続

若者からすると当たり前のこともあえて説明する

図9-4：インターネットに慣れていない層に向けた情報提供

ワンポイントアドバイス

図9-4で紹介したように、「こんなことまで？」と思うようなことも紹介した方がいいのが、Yahoo!ショッピングの特徴だ。懇切丁寧な商品説明を心がけよう

Section 04

[ページ作り]

スマホページの工夫ポイントを知ろう

> Yahoo!ショッピングのスマホページを作るときは
> どんなことに注意すればいいんですか?

　Yahoo!ショッピングのスマホページの構造として注意するべき特徴は、**商品ページのファーストビューに写真が大きく表示される点**だ。ページを訪問した人は、写真をパッと見て、商品ページをスクロールしようかどうか判断することが多い。だから、まずはファーストビューの写真が、最も重要なコンテンツだと言える。2017年10月現在、写真は最大6枚まで登録することができて、横フリックすることで切り替えられる。まずは**可能な限り6枚の写真を登録しておくと売上アップにつながる**はずだ。

　もうひとつの特徴が、**写真の下にカートボタンがあり、その下にレビューが表示されること**。レビューはユーザーがよく読むコンテンツだし、購入率アップにつながるから、できるだけ多くのレビューを集めたい。

　また、レビュー欄の下には「**商品情報**」という欄があって、ここの文面もスマホで見られやすいコンテンツになっているので、ユーザーの購買を後押しする大切なポイントだ。商品のスペックや素材、検索されたいキーワードや、商品アピールポイントなどを盛り込もう。

> 商品ページの中で、よく読まれるコンテンツや、購入率
> アップにつながるコンテンツを充実させることが大切なん
> ですね

　そしてもうひとつ、**Yahoo!ショッピングでは最近、店舗内の全てのページに、共通のバナーを表示させることができる**ようになった。ショップ内の回遊性を高めるために、カテゴリーページなどへの誘導バナーを活用することも大切だよ。

　前回説明したように、他モールと比べて中高年層の利用が多いYahoo!ショッピ

ングでは、**スマホを意識した商品ページをしっかり作り込んでいる出店者が意外と少ない**。だからこそ、画像やレビューを充実させることで、モール内で優位性を高めることができるはずだ（図9-5）。

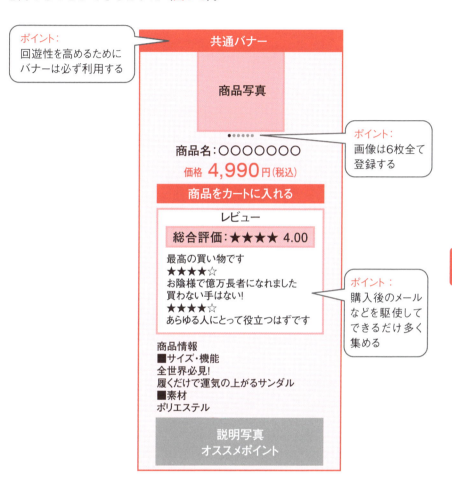

図9-5：スマホページのイメージ

中年層の利用が多いと前節で紹介したが、スマホページではそれよりももっとライトな層にめがけて、注目を集める作りが重要になることを理解しておこう

[リピート施策]
プレミアム会員に訴求する ツール「アールエイト」

> 売上を伸ばす上でリピーターの獲得は重要だと思うんですが、Yahoo!ショッピングの場合に何かよい方法はありますか?

Yahoo!ショッピングでリピーターを獲得するための手法としては、これまでメルマガやクーポンの発行などの地道な施策が効果を上げていた。しかし、2016年に連携を開始した「**アールエイト**」というツールによって、より効果的にリピーターを獲得できるようになった。これにより、モール内の競争が激化しつつある。

アールエイトとは、もともとバリューコマースという会社が提供していた、ユーザーそれぞれに最適化された情報発信などを基に関係を構築するためのECツールだったんだけど、2016年にYahoo!ショッピング用にカスタマイズされたものが提供されたんだ。**従来の分析よりも詳細にセグメントされた分析データを活用できる**ため、購入から3か月以内のユーザーにクーポンを発行するなどのリピーター対策や、昔はよく買い物してくれていたのに最近では買い物しなくなってしまった「**休眠客**」の掘り起こしなどの施策が可能になった。現時点では、アールエイトを利用するには全商品に対して最低1%の料率を設定したPRオプションを使わないといけないという縛りがあるとはいえ、絶対に活用したいツールだ。

> 詳細なデータを利用できるのは理解できましたが 他にはどんなメリットがあるんですか?

アールエイトの最大の特徴は、PRオプション広告の掛け率によって様々なメリットが得られる点にあるんだ。特に、7%以上の掛け率を設定すると、プレミアム会員が検索を行った場合の検索結果に上位表示させてくれるなど、プレミアム会員への訴求を強化することができる。

Yahoo!ショッピングは、プレミアム会員の売上がとても伸びているから、プレ

ミアム会員を多く集めてクーポンなどを上手に使ってリピーターにできれば、十分な費用対効果を上げることも難しくない（図9-6）。

　Yahoo!ショッピングは、管理画面で様々なデータをわかりやすく確認できるのも特徴で、「**流入キーワード**」や「**購入につながったキーワード**」だけでなく、「**広告経由での購入額**」を数字で出すこともできるから、概算を出して施策を行うしかない他のモールに比べて、より正確な判断を下すことが可能だ。三大モールの中では売上規模こそ3位につけているが、これからさらなる成長が見込まれるYahoo!ショッピングにおいて、今のうちから分析と改善を繰り返すことで、いずれ大きな効果が生まれるはずだ。

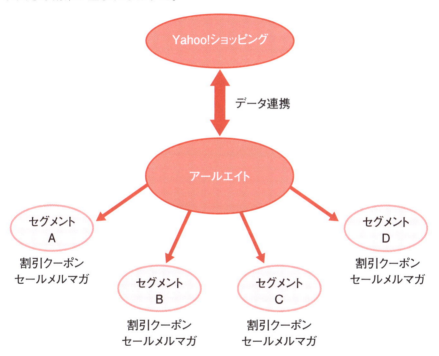

図9-6：アールエイトでリピート施策が容易に

ワンポイントアドバイス

リピート施策は、数あるECにおける戦略の中でも難易度が高いものだ。だからこそ、便利なツールを活用して、競合に勝ちたいところだね

コラム 知っておくべき商品ジャンル別の売り方【食品】編（その2）

・和菓子

【傾向】

　和菓子は、基本的にギフト需要が大きい傾向にあります。それと同時に、煎餅を中心とした米菓などは定期的に購入してもらえる可能性もある商品です。自社の商品に合わせて、ギフトで仕掛けるのか、リピートで仕掛けるのか、戦略を検討するべきです。

【売り方】

　ギフトの場合には、「誰かにプレゼントしたい！」と思わせられるような、デザインや形状が新鮮でモダンなパッケージ商品を作ることが必要です。また、包装にもこだわったギフト用商材を作ることも重要になります。商品開発などを行っておらず、販売だけを扱うショップの場合には、商品ページ上で、その商品やお店の「メディア掲載情報」や「受賞歴」の掲載、実店舗での行列情報などを掲載しておくと、購入率が高まりやすいでしょう。

・スイーツ（洋菓子）

【傾向】

　スイーツは、カジュアルなイベント、例えばクリスマスやバレンタイン、そしてハロウィンなどのタイミングでよく売れます。これらの時期に合わせた商品を用意して、遅くとも3〜4か月前には商戦の準備をしておきましょう。

【売り方】

　ページ上での訴求としては、魅力的な写真を用意することが重要です。例えばプリンであればとろけるようなイメージ写真や、ケーキであればスプーンやフォークで切った断面が見えるような、シズル感のある訴求が必要です。また、スイーツを買う人は、若年層が多く、メルマガを読んだり、自店のSNSを見てくれたりするため、誕生日やイベントなど、顧客に合わせた情報発信も重要です。

より頼られる担当者に
なるために

Chapter

10

運営を効率化する
多店舗運営ツール

たくさんのECサイトを運営すると、その分だけ担当者が必要になりますよね？ 在庫の管理などはどうやってこなせばいいんでしょうか？

　今、**日本のECは自社ECや複数のモールへ同時に出店することで売上を積み重ねていくことができることから、多店舗展開を行うのが当たり前になってきている**。だけどその分、それぞれの担当業務が増大して現場が疲弊してしまったり、売上高の数字を見てみると高い数値を残してはいるが、最終的な利益にはあまりつながっていなかったり、といった課題を持っているEC事業者も多くいるんだ。

　一方、効率的に運営してしっかり利益につなげているショップを見てみると、5店舗以上も展開しているのに担当者はひとりか2人だけで上手にやりくりしているところも結構ある。こうした**効率的な展開を実現するためには、担当者の経験値ももちろん重要なんだけど、複数のショップにまたがり、運営業務を一元管理できる便利なツールの活用が必須になっている**。

そんなすごいツールがあるんですか！？

　代表的なものとしては、多店舗運営ツールの「**ネクストエンジン**」や「**クロスモール**」といったツールが挙げられる（図10-1）、（図10-2）。「多店舗運営あるある」としては、複数の店舗を運営していると、商品在庫が少なくなってしまい、それを複数のショップで販売している場合、その商品が売り切れたら1店舗ずつモールや自社ECの管理画面に入って該当商品の在庫表示を売り切れ状態にしないといけないよね。でも、商品数と店舗数が増えてくると、当然ながらいちいち人手で対応することは難しい。

図10-1：多店舗運営ツール（その1）ネクストエンジン

図10-2：多店舗運営ツール（その2）クロスモール

　そこで、**多店舗運営ツールを使うと複数店舗の在庫管理が一括で行える上に、全ショップの在庫数をリアルタイムかつ自動で切り替えてくれる**。また、**金額やポイント率、商品情報の変更が発生した場合でも、ひとつの管理画面で書き換えれば全てのショップに反映することができる**から、大幅に業務を圧縮できる上、繰り返して作業を行うときにありがちな数値のミスなど、**単純なミスも最小限に抑えることができる**んだ。

　他にも「**メールディーラー**」に代表されるような複数店舗運営に対応できるメー

ル管理ツールもある。ユーザーから「発送日を変えてほしい」とか、「キャンセルしたい」といった内容がメールで送られてくることはよくあるよね。運営しているショップが増えれば増えるほど確認すべきメールは増える上に、どのショップにきたメールかわからなくなってしまう。でも、多店舗運営ツールと連携したメール管理ツールを使えば一元管理することが可能なんだ。

このように、これまで「店舗数×担当者1名」で対応してきた業務を、より効率的に回していけるようなツールがいくつも存在するんだよ。

また、売上規模が増えてくるとこれまで自社で発送業務を行っていたものを外部の倉庫会社や物流会社に委託することもあるだろう。外部委託を行う際には在庫管理システム（＝Warehouse Management System、WMS）を使って注文データを委託先に送ることになるんだけど、店舗情報の一元管理ができていないと各ショップからバラバラに注文することになり、物流費が高騰するばかりか受け入れてもらえない場合もある。多店舗運営する場合には一元管理ツールを活用することはほぼ必須という状況になってきているんだよ（図10-3）。

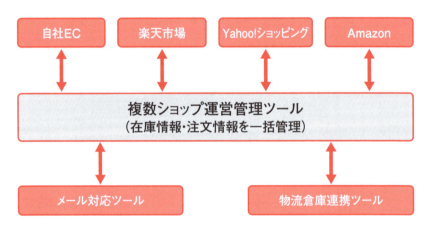

図10-3：ツールを使って運営を効率的に

ワンポイントアドバイス

頼られる担当者になるためには、こうした便利なツールをトコトン活用して、効率化できるところは残すところなく効率化をしよう

Section 02 フルフィルメント業者を選定する際のポイント

フルフィルメントって
何でしたっけ？

フルフィルメントとは、ECにおけるバックヤード運営業務の中の一部を指し、特に「**消費者が商品を注文してから、手元に商品が届くまでに発生する業務全体**」のことを指す。プロによるフルフィルメント部分の代行サービスを導入できれば、EC事業者にとって様々な恩恵を得られるんだよ。日本で有名なところだと、AmazonやZOZOTOWNがこの業務の一部を委託して、消費者の買い物の利便性を高めることでファンを増やすことに成功している。

フルフィルメント業者を利用すると、**自社運営倉庫よりも対応が速い物流倉庫で商品を保管できる**ことで、**商品の入荷受付から商品到着までのスピードが上がり、消費者の満足度も向上し、競合より選ばれる機会が多くなる**。

また、在庫管理システムが導入されているフルフィルメントサービス提供事業者が多いので、在庫管理の精度を上げることもできる。在庫管理の精度が上がれば、季節限定の販売イベント（母の日やクリスマスなどのセール時）などでイベント当日のギリギリでも商品を購入できるようになり、消費者の購入意欲向上にもつながるはずだ。

他にも、フルフィルメントサービスの外注により、コンビニ後払いや各種カード払いなど、利用できる決済方法を増やすこともできる。決済方法を多く提供できることは、そのまま消費者の利便性向上になるから、売上アップに直結するんだ。また、配達方法の選択肢や配送事業者を増やせれば、購入直前での離脱防止や、リピート利用にもつながる。海外出荷対応もできるので、事業拡大にも向いている。

このように、**外部への委託は適切に使えば社内の工数削減のみならず、消費者の満足度を大きく高めることができる**。これら全てを実現するフルフィルメント

の外注は、「単純に作業委託しているだけ」という古い固定概念を捨て、積極的に活用してみよう。

そんなにメリットがあるんですね! でも、たくさんあるフルフィルメント業者の選定は、どうすればいいんでしょうか?

　フルフィルメントの外注からEC事業を成功に導くためには、物流を「戦略的に」捉えることが必要だ。……という理論はひとまずおいて、フルフィルメント業者の選定には5つのステップがあるから、順番に説明しておこう（図10-4）。

①実績の確認
②物流の品質確認
③システムリテラシーとシステム連携実績の確認
④商品を預ける倉庫の専門性の確認
⑤コストの確認

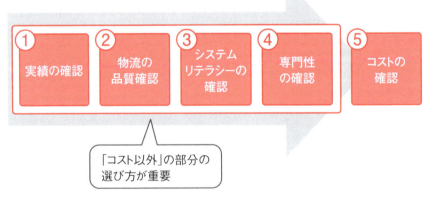

図10-4：フルフィルメント業者の選定ステップ

①実績の確認

　サービス提供事業者なら、どこも実績はあると思うけど、「いかにしてそのEC事業者を成功に導いたか」の部分が最も重要になる。ここにこそフルフィルメントの本当のノウハウが潜んでいるからだ。「単純に作業だけを委託する」のではなく、売上アップにつながるような物流サービス提供、決済方法提供、顧客満足度向上につながる努力があるのかどうかの確認が非常に重要だよ。

②物流の品質確認

　品質を「定量的」に数字で語れる会社と付き合うことも大切なポイントになる。破損率・遅配率・誤配率といった数字は残念ながら「ゼロ」にすることは不可能だ。だからこそ、いかにして現状のミスをゼロに近付ける努力しているのか、などの改善手法を聞くのがポイントだ。実際に倉庫に足を運んでみて、物流会社の現場を視察、作業スタッフと話をしてみることもいい。どうやって作業品質を上げるのか、作業の生産性を上げるのか、熱く語ってくれるスタッフがいる業者は信頼できる。

③システムリテラシーとシステム連携実績の確認

　バックヤード業務最適化の重要な部分でもあるのが、「カートシステム」や「受注管理システム」、「在庫管理システム」だ。社内受注処理の効率化や在庫管理は、「社内の運営コスト」と「業務委託費用」に大きく関わる部分でもあり、システムのリテラシーや連携実績は非常に重要だ。

④商品を預ける倉庫の専門性の確認

　見栄えのいい倉庫だけを見せられて、実際に商品を預ける段になってみると、見学した倉庫とは違う倉庫にお世話になるケースも、残念ながら結構ある。また、扱う商品によって大きく異なるのが物流業務だ。今は化粧品専門倉庫や、アパレル専門倉庫、食品専門倉庫など、商品ジャンルに特化した倉庫もあるから、事前に専門性をしっかりと確認し、その物流会社は何に「強み」をもっているのかをしっかりと確認しよう。

⑤コストの確認

　コストの確認は、最後に行おう。コストは安い方がいい。それはもちろんなんだけど、

- 作業内容と料金が明文化されている
- 実際の物流運営実績数値を用いて、1出荷あたりのコストシミュレーションができている

など、物流スペックが明確につかめるような詳細内容と価格体系がわかることが重要だ。

　コスト確認を最後に持ってきたのには理由がある。無理にコストを削減しようとすれば、業務の品質やサービス面の精度を欠くことにもなりかねないからだ。こうなると、コストを削減したがために、顧客満足度が落ち、結果的にEC事業を失敗させてしまう。せっかくよりよいEC事業のために外注を選んだはずなのに、これでは意味がない。

　そうした本末転倒な事態を避けるためにも、EC事業の成長に対応できる物流スペックをしっかりと確認することが重要なんだよ。大手宅配業者が配送費用を値上げすることになり、バックヤード業務を外注する企業はドンドン増えている。フルフィルメント業者は一度選ぶとすぐに変更することが難しいサービスなので、EC業務を深く理解している業者をしっかり選んで、効率化を行っていきたいところだね。

ワンポイントアドバイス

これからますます重要性を増していく物流は、外注が主流になっていくだろう。今回の内容をしっかり押さえて、最強のタッグとなるような業者を見つけたいね

バックヤード業務を
改善するポイント

バックヤード業務を改善する際には
何を目標に行えばいいんでしょうか？

　従来、EC事業におけるバックヤード業務の改善は、売上に対する物流費の比率である「**売上高物流コスト比率**」に目が向けられていた。平均して約12％ほどとも言われる、売上高物流コスト比率をいかに圧縮するかを考えるのが主流だったんだ。しかし、業界内外を見てみると、**物流費を圧縮する時代ではなくなりつつある**。一般的な物流費の内訳は運賃60％で、地代（保管費）が15％、倉庫作業人件費は25％くらい。これら（運賃、地代、人件費）は今後はそう簡単には下がらないと言われているため、売上高における物流コストの比率を下げるという考え方は現在では難しく、方向性として間違っているということになるんだ。

　こうした状況を踏まえると、これからは、「**フルフィルメント比率**」と「**受注スルー率（自動化率）**」に目を向けるべきだ。この2点を基軸にして、バックヤード運営業務を総点検してみよう。

　フルフィルメント比率とは、購入ボタンをクリックしてから荷物が届くまでのコストのことを指す。注文が入って届くまでをコストとして換算し、そのコストを最小化していくという発想だ。今言ったように物流費はもう下がる見込みが少ないため、そこを指標にしても答えは出ない。だから、コストを把握する尺度を変える必要があるんだ。

　では、EC物流の最先端を走っているAmazonでの事例を見ながらそのヒントを探っていこう。多くのEC事業者は人力で出荷作業を行うため、人件費が発生する。しかしAmazonは注文の処理が自動化されており、注文が入ると自動で出荷指示がされ、出荷業務を経て配送業者に引き渡され、荷物が届くという流れで、極力人を介さないようになっているんだ。このように**自動化と効率化でフルフィルメント比率を下げるという企業努力が今後は必要になる**。ある企業では、自動

化を進めたことでフルフィルメント関連費用が20〜25％程度も圧縮できたケースもある。

　次に大事になるのが受注スルー率だ。1日に100件の注文が入ったとして、Amazonの場合、95件以上は出荷までに人が介在していないと言われている。一方、他のEC事業者では、半分は自動的に処理しているという会社もあれば、大半は人手で処理している会社もあるなど、様々だ。このような、**注文に対してどの程度まで人が介在せずに出荷まで至るか、を数値化したのが受注スルー率**だ。物流フローを見直す場合に、さっき紹介したフルフィルメント比率という概念は幅が広くて難しいから、まずは、より個別的な受注スルー率から見るといいだろう。注文が入ってから1件も注文明細を開かないで出荷できれば受注スルー率は100％となる。これが10％や20％であれば、受注スルー率の改善が必須となるんだ。

受注スルー率を改善するには
まずは何をすればいいんでしょうか？

　改善には「**商品マスター**」の統合・整備が重要となるよ。商品マスターとは、**商品ごとに売上や在庫状況などを確認するために管理用につけたシステム上の番号**のことだ。この商品マスターの不備が原因で、バックヤードを自動化できないことが多いことを知っておいてほしい。Tシャツの商品マスターを例に説明しよう。色が青でサイズがMの商品マスターを「Ts_blu_m」だとする。自社サイトだけでなく楽天市場やYahoo!ショッピングなどに多店舗展開している場合、店舗によってサイズの表記が「m」が「01」や「02」になっていたりすることがあるはずだ。あるいは「_（アンダーバー）」ではなく「-（ハイフン）」になっているなど細かな調整ができていないということも多々ある。このように**商品マスターの表記が統一されていないことが、物流を自動化できない元凶になっている**。システムが判断できない限り自動化は不可能だから、商品マスターの統一は必須だよ。まずはここを確認してみよう。

　次に、ECのデータと会社の在庫データなどを「API（Application Programming Interface）」でつなぐためにシステムを調整することも必要だ。Amazonの場合は、全ての商品のマスターを管理しており、その結果、受注した

段階で実在庫に照らし合わせている（これを、「**キープ状態**」と呼ぶ）。他のEC事業者は、注文の段階で在庫のキープ状態にはなっておらず、**理論在庫（物品は用意できていないが、処理上は在庫があるとされている状態）**があるだけなんだ。したがって、その後、人手で注文処理をして実在庫に照らし合わせるという作業を行ってから出荷指示をかける流れになる。結果、Amazonと比べて受注スルー率が低くなり、バックヤード業務に関わる人員が多く必要なためにコスト増となり、フルフィルメント比率も上がってしまうんだ。

こうした部分の改善を行い、自社の企業努力によって人件費高騰や宅配業者の値上げの措置に備えていくことがバックヤード業務の改善だよ（図10-5）。

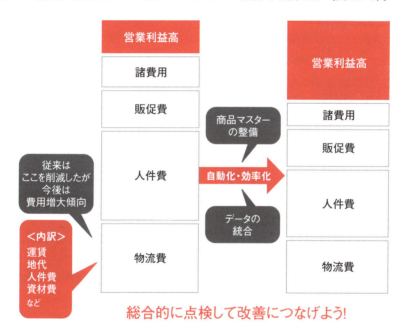

図10-5：大きく変化するコスト換算の考え方

事業拡大した際の
理想的な組織モデル

EC事業の規模が大きくなると、店舗ごとに配置する人員も
単純にプラスしていけばいいんでしょうか？

　事業規模が大きくなった場合には、増やすべき人員と統合すべき部署を明確に
していかないと、人件費が膨れ上がるだけでなく、会社やEC部門全体のバラン
スを崩して、機能不全に陥ってしまうこともある。そこで今回は、組織体制とス
タッフの役割で重要となってくるポイントを教えておこう（図10-6）。

　まずは組織の話から始めよう。EC部門にフォーカスすると、EC部門の部長や
マネージャーといった全体を統括する人間がトップにいるはずだ。**店舗の責任を
持つ担当者に関しては、自社ECとモールで目的が異なる場合も多いため、自社
ECの担当者とモールの担当者を分けて配置するといい。**

　そこから下は、EC事業全体で共有して稼働する部門と、自社とモールにそれぞ
れ独立した部門に分かれていくだろう。それぞれで共有すべき部分としては、ま
ず「**制作**」が挙げられる。自社ECとモールで全く同じデザインとはいかないま
でも、ブランドイメージや店舗イメージを一致させるために、ある程度は共有し
た部門で対応することが望ましいからだ。さらに、**受注処理と顧客対応を行う部
分も一元管理してサービスにバラつきが出ないようにする**といいだろう。

　逆に、**バラバラに運用したいのが広告やマーケティングの部門**だ。自社ECと
モールではそれぞれ広告の目的が違うことも多く、自社ECでは商品を売るだけ
ではなく、店舗やブランド認知の広告を扱うこともある。管理や手法が異なるた
め、あえて部門を分けてそれぞれに強い部門を作っておこう。

それぞれどのような役割を持って
仕事を行うんでしょうか？

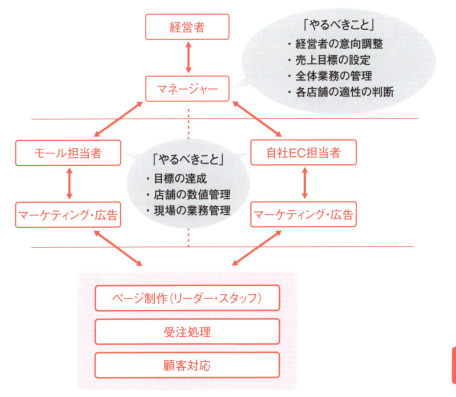

図10-6：EC事業の理想的な組織モデル

　まず、部長やマネージャーの仕事範囲は、全体を統括する責任者として経営者と合意した全体の数字の目標、店舗ごとの数字目標の策定、数字目標を達成するための各店舗のリソースの最適化や広告費用など経費の最適化だ。また、担当者が考えた目標達成のための施策を実行に移すべきか判断することも重要な役割だ。

　各担当者の仕事としては自社ECもモールも同じで、**マネージャーから与えられた目標に向かって何を行うのかを考えるのが基本**となる。その他、店舗ごとのアクセスや売上などの数値管理、現場の作業管理といった上司としての管理業務も当然行っていく。全てのECに関わる業務スキルを有している必要はないけど、大枠の業務内容を理解しておかないと担当者業務を務めることは難しいんだ。

　このように、マネージャーや担当者はECの専門的なスキルだけが必要なわけではない。EC業界も非常にスピードの目まぐるしい業界なので、考えて組み立て

るスピードや判断を行うスピードが強く求められる役割でもあるんだ。あとは各部門のスペシャリストが100％の力を発揮できるように環境作りや人材配置などの判断が重要になってくる。その上で、人材育成は組織を作るためにも管理側にとって重要だ。

　現場スタッフは多種多様な広告や管理画面など、対応すべきことは広く浅くなってきているため、必要な知識をいかに早く身につけることができるかがとても重要だ。そのため、「**スキルマップ**」や「**スキルシート**」を細かく管理・運用することが非常に重要で、現場スタッフが何をできて何ができないかを正確に可視化しておかなければいけない。どの仕事を誰に分担するか、また仕事量を調節するためにも明確に把握しておく必要があるんだ。

　スキルマップも、「業務」と「管理」の2つのラインを軸に作成して、それぞれ分けて運用する必要がある。「専門分野のスペシャリスト」と「管理が上手な人」とでは、描くべき青写真が違うためだ。内容も、**単純に「できる・できない」だけではなく、「できる」人については「何分以内」に「どれくらいの量」をこなせるのかといった細かな設定を行い、スタッフのレベル感を可視化しておくことで、**一人前になるためのステップが明確になり、モチベーションの向上にもつながる。

　EC業界全体で多チャネル時代に突入し、商品の量も多く、広告の種類も年々増えているため、業務の入口も成長後のゴールも複数存在する。だからこそ、組織も人材も柔軟に育成できる体制が重要になってきているんだよ。

ワンポイントアドバイス

ここで紹介したのは、あくまでも「理想的な」組織モデル。これを基に、自社の特徴に合わせたモデルをしっかり設計することが、頼られる担当者の仕事になるだろう

早く成長して先輩に評価されるためのコツ

　成長が続き、変遷の著しいEC業界やEC事業部において、より早く成長して先輩や上司から高評価を得られれば、企業の中でも必要かつ重要なポジションに抜擢される可能性もある。そこで、EC業界の人事担当者や管理職から見た「早く成長する人材」や「高評価を得るコツ」を紹介しておきたい。

**より早く評価される人材になるには
何を意識すればいいですか?**

　この本で教えてきた、商品を売るための基礎知識や実践的な手法を着実に覚えて「業務」で評価を上げるのはもちろんとして、それ以外のことで評価を高めるコツが数多くある。例えば**「定例の営業会議」**だ。会議では何らかの資料を使うケースが多く、**「現状分析データ」**や**「課題点の整理」**、**「改善する内容の共有」**を資料にまとめて、それをベースに会議を進める。ある程度仕事を覚えてくるとこのような資料の準備を任せられることがあるはずだ。この資料をフォーマットに従って確実に作ることは当然のことだけど、上司から「なかなか仕事ができる」という評価を得るためには**「プラスα」の資料作り**が必要となる。しかしながら、そのプラスα部分の資料作りに時間をかけ過ぎてしまうと、上司から「何、余計なことをやっているの?」と思われてしまうことが難しいところなんだ。

　プラスαの例としては**この本の前半部分でも共有したEC業界の流れや競合店の動きを踏まえた提案をすると**、上司の目に留まる確率が高まるよ。「モール全体で高まっているスマホ経由の売上比率を現状の55%からもう5%高めてカテゴリー平均値の60%にする必要がある」や「ソーシャル経由の流入比率が5%以下であり、他店の数値を参考にすると、10%以上に高める必要がある」、「競合店のレビュー平均点は4.5に対して当社は4.0と少し負けている」といった、大状況を踏まえた提案を行うんだ。タイミングによっては、上司から「今はそのような提案は必要がない」というようなことを言われる可能性もあるが、「できる」上司ほ

どトレンドや競合を踏まえた「気付き」に対する発言や提案を気にしてくれて、「あいつはなかなか鋭い視点を持っているな」とか「自分なりに気付きを増やす努力をしているな」と思うものだから積極的に提案した方がいい。

 まずは、業界情報や競合をウォッチして提案できるようにします

　ただし、何となく業界ニュースを読んだり、競合のサイトを見たりするだけではプラスαの提案とはならないので、この本で教えた知識や競合サイトを見るポイントをしっかり踏まえた上で、当面はテーマを絞って同じ情報や数字をチェックし続ける「**定点観測**」を心がけるといいと思うよ（図10-7）。与えられた業務の中でスキルを高めるだけでなく「気付きを増やすための基礎」を作った上で、一段上の視点から現状の業務を見て、発信できることが評価を上げるポイントだ。評価が高まれば、より早くワンランク上の仕事が任せされて、さらに能力を高めるチャンスが増えてくるはずだ。

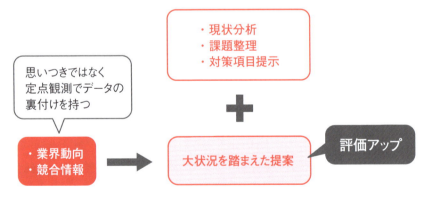

図 10-7：評価を上げるためのポイント

信頼されるには、自分「ならでは」の視点が重要になる。そのために、日々アンテナを伸ばしながら担当者業務に当たろう

コラム 知っておくべき商品ジャンル別の売り方【飲料】編

・お茶

【傾向】

　お茶という商品は、他のジャンルに比べて新規客を獲得しにくいジャンルです。また、他社との差別化も難しいので、単に「お茶」としてストレートに勝負するのではなく、他社とは全く異なる視点での仕掛けが必要となるでしょう。

【売り方】

　例えば、「ダイエットに効く」などの、従来はお茶にあまり期待されていなかった要素を打ち出したり、抹茶スイーツなどのお茶に関連した商材から新規顧客へのアプローチを仕掛ける方法が考えられます。また、ストレートに勝負を仕掛ける場合でも、タイミングをしっかり理解していれば、新規顧客を獲得できることもあります。タイミングとしては、新茶の時期でもある春～夏が一番の狙い目です。

・お酒

【傾向】

　お酒は型番商品なので、価格競争力さえあれば、新規顧客を獲得したい際に非常に有効な商品です。販路を拡大したい際には、強力な商品となるでしょう。

【売り方】

　しかしながら、価格競争に持ち込むと、大企業などの地力のあるショップに太刀打ちできません。そこで、「どの料理と組み合わせるといいか」のようなプラスαの提案を行うことをオススメします。これなら、安さ以外の面でも十分に勝負できるはずです。

　なお、ワインに関しては、他のお酒とは異なって、ファンがつくことが多くあります。初めてワインを買う人であっても、迷わず購入できるようなわかりやすい説明をしたり、担当者のオススメ商品などもプッシュしたりすると、好印象を与えることができるでしょう。

おわりに

　当社、株式会社いつも.は2007年の創業以来、「EC業務」に特化し、9000社超の企業様のサポートに携わってきました。本書は、現場の最前線で活躍するメンバーが、多くのクライアント企業様のサポートで培ったノウハウを最大限に生かし、「EC業界で活躍する上で知っておいてほしい」テーマを選んで、執筆しました。

　本書のコンテンツ（EC業界全般に対する知識、自社ECの知識、各モールの知識、モールごとの施策、商品ごとの売り方……）は、実際に当社の人材育成プログラムでも活用しているものも多くあります。当社では、このプログラムで学習した若手社員が多く活躍しており、本書をお読みになるような方にとっても、きっと役に立つはずです。まずは、本書を目いっぱい活用いただき「プロのEC担当者」として必要な知識と実践的なノウハウを吸収いただければと思います。

　ただ、堅調な成長を続け、今後もこの成長が続くと推測されているEC業界において、本書の内容だけではカバーし切れない、アドバンスな知識やノウハウが必要になることもあるかと思います。その際には、当社が開発し、多くの企業様にもご利用いただいている次のようなサービスの活用もご検討いただければと思います。

・実店舗とECとの連携を実現する「オムニチャネル戦略立案＆実行サービス」
・トレンドに即したサイトの改善を行う「自社ECサイトリニューアルサービス」
・楽天市場で結果を出すための「楽天コンサルティングサービス」
・モールにおける広告運用を提供する「モール広告運用サービス」
・サイトのコンテンツ作成に役立つ「定額制作サービスSUGOUDE(スゴ腕)」
・バックヤード、物流業務の効率化をサポートする「コネクトロジ365」
・海外進出（越境EC）をサポートする「越境EC総合支援サービス」
・EC事業の成長に役立つ情報やノウハウを共有する「全国ECセミナー」
・ECのプロフェッショナルを育成する「EC大學」

本書も含めてEC事業の成長ステージに合わせてご活用いただければ幸いです。

　最後に、今回の出版に際して、当社に執筆のお声がけをいただいた翔泳社の鬼頭さんに感謝申し上げます。鬼頭さんには、企画段階から内容調整までしっかりとフォローいただきました。お陰で期限通りに出版することができましたこと、重ねて感謝いたします。

株式会社いつも．執筆者メンバー一同

購入者特典のお知らせ

本書を購入いただいた方限定の特典をご用意しております。
下記のQRコードか、URLからアクセスしてください。

https://www.shoeisha.co.jp/book/campaign/senpai_ec/

- **坂本 守**（さかもと まもる）
  代表取締役　社長

- **望月 智之**（もちづき ともゆき）
  取締役　副社長

- **立川 哲夫**（たつかわ てつお）
  事業推進部・グローバルEC事業部 部長
  担当：EC事業戦略立案、中国・台湾・ASEAN・米国等グローバル進出支援

- **高木 修**（たかぎ おさむ）
  コンサルティング事業部 部長、EC大學 責任者
  担当：EC戦略立案、海外ECリサーチ、「EC大學」プログラム開発責任者

- **羽田野 沙綾**（はたの さや）
  コンサルティング事業部 チーフコンサルタント
  担当：年商10億突破実行支援、EC事業社の社員教育、
  　　　食品・美容健康商材販売支援、EC大學講師

- **山下 優佑**（やました ゆうすけ）
  コンサルティング事業部 リーダー
  担当：「EC売れる鉄則」プログラム運営チーム統括、「EC大學」運営責任者、
  　　　ECサイトアナリスト

- **加藤 至繁**（かとう よししげ）
  コンサルティング事業部 リーダー
  担当：「モール店売れる鉄則」コンサルティングチーム統括、
  　　　全国ECセミナー講座開発、EC大學講師

- **田中 宏樹**（たなか ひろき）
  コンサルティング事業部 チーフコンサルタント
  担当：大手ECサイト向けマーケティング及び戦略統括リーダー、
  　　　ECビジネスデザイン、EC大學講師

- **渡邉 麻衣子**（わたなべ まいこ）
  ソリューション事業部 リーダー
  担当：ECサイト構築ディレクター、サイトUXプロデュース、
  　　　サイトリニューアルプロジェクト担当

- **本多 正史**（ほんだ まさし）
  フルフィルメント事業部 部長、ロジスティクス経営士
  担当：EC物流運営・フルフィルメント運営事業の責任者、
  　　　ECバックヤード構築/改善コンサルティング

- **入山 貫**（いりやま かん）
  マーケティング部 部長
  担当：ECサイトマーケティングプロデュース、
  　　　自社ECサイトプロモーション立案、EC大學講師

・**高橋 直樹**（たかはし なおき）
コマース支援事業部 マネージャー
担当：EC運営代行チーム統括、EC業務改善・組織体制コンサルティング

・**野 成年**（の しげとし）
企画デザイン事業部 リーダー
担当：企画デザインチーム統括、
　　　定額制作サービス「SUGOUDE（スゴ腕）」開発責任者

・**石川 雅人**（いしかわ まさと）
ソリューション事業部 リーダー
担当：大手企業のEC事業拡大プロジェクト支援、EC新規参入計画立案、
　　　自治体のEC事業参入支援

・**太田 章仁**（おおた あきひと）
セールスマーケティング事業部 リーダー
担当：大手企業のEC事業拡大プロジェクト支援、
　　　ECサイトのマーケティングプロデュース

・**長橋 佑司**（ながはし ゆうじ）
ソリューション事業部 リーダー
担当：ECアドバイザーチーム統括、EC事業者の集客改善サポート、
　　　全国ECセミナー講師

・**岡部 将司**（おかべ まさし）
プロモーション事業部 リーダー
担当：楽天市場・Yahoo!ショッピング・Amazonのプロモーション運用チーム
　　　リーダー、EC大學講師

・**石綿 誠**（いしわた まこと）
フルフィルメント事業部 リーダー
担当：ECサイト運営代行・フルフィルメント業務チーム責任者、
　　　EC業務改善コンサルティング

・**鈴木 基信**（すずき もとのぶ）
コマース支援事業部 リーダー
担当：ECサイト運営代行チームリーダー、大手メーカーサイト運営責任者、
　　　ECサイト販売企画立案

・**高野 祐矢**（たかの ゆうや）
セールスマーケティング事業部 リーダー
担当：ECセールスマーケティングプログラム開発、
　　　EC大學講座プログラム開発

・**義家 聖太郎**（よしいえ せいたろう）
人材開発室 室長
担当：採用・人事担当、EC人材育成プログラム開発責任者、
　　　評価制度導入コンサルティング

著者プロフィール

株式会社 いつも.

Eコマースビジネスに特化し、国内最多クラスの9000社超の支援実績を持つEC コンサルティング＆実務代行企業。国内ECおよびアメリカ・中国・ASEANなど の海外ECに対して、クライアント各社の「戦略立案」や「One-Stopソリューショ ン」を提供し、売上拡大をサポートしている。サイト構築、デザイン、プロモー ション、サイト運用、フルフィルメント（物流・バックヤード業務）、人材育成ま でECに関わる全てのサービスをOne-Stopで提供することにより、クライアント 企業の事業拡大スピードUPを実現している。世界最大のECカンファレンス 「IRCE」の日本代表パートナーでもあり、売れる仕組みを作れるECのプロを養成 するための学校「EC大學」を全国各地で開校している。著書に、『ECサイト［新］ 売上アップの鉄則119』(KADOKAWA)がある。

公式ホームページ：https://itsumo365.co.jp/

装丁・デザイン　植竹 裕（UeDESIGN）
DTP　　　　　　BUCH⁺
イラスト　　　　山田タクヒロ

先輩がやさしく教える
EC担当者の知識と実務
イーシー

2017 年 12 月 5 日 初版第 1 刷発行
2020 年 7 月 20 日 初版第 4 刷発行

著者　　　　株式会社 いつも.
発行人　　　佐々木 幹夫
発行所　　　株式会社 翔泳社（https://www.shoeisha.co.jp）
印刷・製本　株式会社 加藤文明社印刷所

ISBN978-4-7981-5333-9　　　　　　　　　　　　Printed in Japan